新文京開發出版股份有限公司

新世紀・新視野・新文京—精選教科書・考試用書・專業參考書

 New Wun Ching Developmental Publishing Co., Ltd.

New Age · New Choice · The Best Selected Educational Publications — NEW WCDP

FOURTH EDITION

BIOTECHNOLOGY

第四版

生物科技

張振華—— 編著

本書自初版付梓以來，感謝各位讀者的支持，才能讓本書有再次修訂機會。由於生物科技日新月異，因此四版更新了部分資訊，例如增加對於新冠肺炎的 PCR 檢測內容，使得本書更符合時代潮流。

生物科技是 21 世紀的明星產業，生物科技的發展可大幅改善人類的生活與健康，所以生物科技的重要性不言而喻。然而一般人想要瞭解生物科技卻是困難重重，因為生物科技有其核心知識與技術，同時其應用包羅萬象，欲一窺全貌往往不可得。

為了要將走在時代尖端的生物科技介紹給大眾認識，本書嘗試以淺顯的語句來說明生物科技的理論與應用，同時圖文並茂，希望能使讀者在賞心悅目的閱讀過程中，建立起生物科技的基本概念。

本書屬於通識教育課程的一環，章節循序漸進。第 1 章論及生命的發生，介紹了生物科技的基本知識；第 2 章概論說明了生物科技的全貌；第 3 章討論基因操作的技術；4~7 章則將生物科技的各種應用介紹給讀者認識。這樣的安排將有利於讀者初探生物科技的門徑。

張振華 謹識

目録

CONTENTS Biotechnology

CHAPTER **1 生命的巡禮**

1-1 生命的開始 2

1-2 生命的螺旋梯 6

1-3 生命設計藍圖的解碼 11

CHAPTER **2 生物科技概論**

2-1 生物科技的意義 18

2-2 傳統的生物科技 19

2-3 現代的生物科技 21

2-4 生物科技的應用 30

2-5 生物科技的影響與衝擊 32

CHAPTER **3 DNA 的分析方法**

3-1 聚合酶連鎖反應 38

3-2 膠體電泳法 41

3-3 限制片段長度多形性分析 44

3-4 DNA 定序法 46

3-5 RNA 干擾技術 48

3-6 基因剔除技術 50

3-7 基因編輯 55

CHAPTER **4** **生物科技在醫藥上的應用**

4-1 基因工程藥物 60

4-2 基因療法 62

4-3 幹細胞的應用 64

4-4 人造器官 68

4-5 單株抗體 70

4-6 肉毒桿菌的應用 73

4-7 長生不老的研究 75

CHAPTER **5** **生物科技在農牧上的應用**

5-1 植物組織培養 81

5-2 細胞融合 83

5-3 基因轉殖作物 85

5-4 夢幻般的藍玫瑰 88

5-5 基因轉殖動物 90

CHAPTER **6** **生物科技在環保上的應用**

6-1 生物感應器 99

6-2 汙水生物處理法 101

CONTENTS ✧ Biotechnology

6-3　吃油細菌與產油細菌 102

6-4　生物可分解塑膠 103

6-5　生物農藥 104

6-6　生質能源 106

CHAPTER **7** 生物科技的其他應用

7-1　奈米生物科技 112

7-2　仿生學 116

7-3　生物資訊 120

7-4　生物複製 126

7-5　生物晶片 130

7-6　生物鋼 133

APPENDIX ★ **附　錄**

附錄 1　生物科技發展史 138

附錄 2　圖片來源 140

附錄 3　中英索引 143

附錄 4　英中索引 146

 掃描　每章「習題＆討論」之解答，請掃描或至 https://reurl.cc/vaDvgL 下載

生命的巡禮

1-1　生命的開始

1-2　生命的螺旋梯

1-3　生命設計藍圖的解碼

 **1-1 生命的開始**

　　138 億年前，宇宙從一場史無前例的大爆炸，稱為**大霹靂**(big bang)，開始向外擴張。45 億年前地球形成，初形成的地球一片火熱，待地表冷卻後，生命的契機即將來臨，許多小分子在地球演化初期的適當能量（如閃電、宇宙射線等）催化下，生成了胺基酸或核苷酸等有機小分子，然後再聚合成為有機大分子如蛋白質與核酸。這些有機物漸漸聚在一起，外圍包被著脂質薄膜，形成類似水滴狀的構造物，並發展出複製核酸分子的機制，於是一個最早的**細胞**(cell)雛型就出現了。

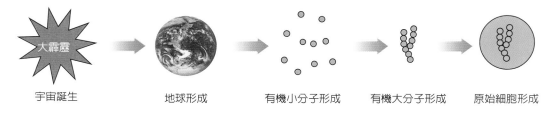

宇宙誕生　　　　地球形成　　　有機小分子形成　　有機大分子形成　　原始細胞形成

⊕ 圖 1-1　生命起源的假設

　　從外太空看地球是一顆湛藍的星球，美麗的藍源自於海洋，而水正是孕育生命的搖籃。37 億年前地球上第一個生命誕生於海洋中，其形式是單細胞，隨後生命進入漫長的演化，生命由簡單趨向複雜，由單細胞演變成多細胞。

　　放眼所見，不同的生物以其千變萬化的外觀豐富了地球的面貌，所有的生物雖然外觀各異，但是生命都有一些共同的特徵。比如生物都是由細胞構成的，所以要探索生命的本質，就要回到生命的起點，從瞭解細胞開始。

　　細胞是由脂質與蛋白質共同組成的**細胞膜**(cell membrane)所包被而成的實體。在細胞膜內充滿各種有機分子的膠態溶液，這些膠態溶液稱為**細胞質**(cytoplasm)。根據細胞構造的複雜程度，細胞可分為兩大

類，構造較簡單且缺乏細胞核的細胞稱為**原核細胞**(prokaryotes)，構造較複雜且具有細胞核的細胞稱為**真核細胞**(eukaryotes)。

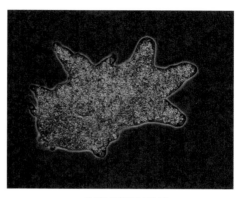

(a)笠藻　　　　　　　　　　(b)阿米巴原蟲

⬆ 圖 1-2　不同的細胞雖然形態各異，但細胞的細胞膜、細胞質等基本結構是相同的：左圖笠藻是大型細胞，可長達 3 公分；右圖是放大 60 倍的阿米巴原蟲，以細胞質伸出形成偽足運動

　　原核細胞相較於真核細胞，不僅形態比較小，且構造比較簡單，不具備細胞核與其他有膜胞器，因此科學家推測最早出現的細胞是原核細胞。現存於地球上的原核生物主要都是細菌，它們的遺傳物質為裸露在細胞質裡的環狀 DNA，稱為**類核體**(nucleoid)，原核細胞同時具有細胞壁的結構，如圖 1-3 所示。

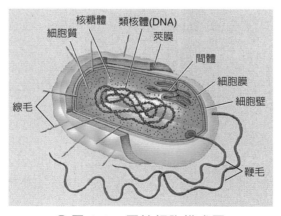

⬅ 圖 1-3　原核細胞模式圖

　　真核細胞構造比較複雜（圖 1-4、1-5），它們具有細胞核與其他有膜胞器，比如溶小體、粒線體、葉綠體等，原生生物、真菌、動物、植物都是由此類細胞組成。其遺傳物質 DNA 位於細胞核中，且形狀為雙股螺旋狀。

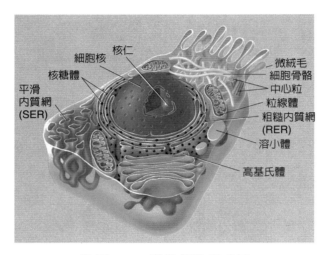

⬆ 圖 1-4　動物細胞模式圖

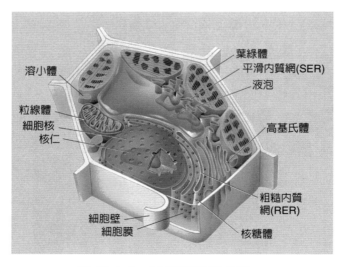

⬆ 圖 1-5　植物細胞模式圖

　　細胞是構成生物體的基本單位，以下僅就一些細胞內部典型的構造與胞器彙整如表 1-1。

⬇ 表 1-1　細胞的組成

構　造	特　徵	功　能
細 胞 膜	雙層磷脂質鑲嵌蛋白質與多醣	區隔胞內外；選擇性通透；訊息傳遞
細 胞 核	雙膜通透的構造，可分成核膜、核質、核仁等三部分	控制細胞生理活動與遺傳
核 　 膜	有核孔的雙層膜	調節物質進出細胞核
核 　 質	包含膠態基質與染色體，染色體由 DNA 與蛋白質組成	負責遺傳
核 　 仁	由 RNA 與蛋白質組成	合成核糖體的次單位
細 胞 質	為膠態基質所組成，含有各式胞器在其中	進行生理代謝
內 質 網	為細胞內之膜網路，分成平滑型與粗糙型兩種	運輸物質；合成脂肪與蛋白質
核 糖 體	由 RNA 和蛋白質組成，有些游離在細胞質，有些附著在內質網	合成蛋白質
高 基 氏 體	成堆的扁平囊泡	包裝和修飾蛋白質
溶 小 體	含消化酵素的囊泡	行胞內消化；自我瓦解；防禦
粒 線 體	雙層膜構造物	產生能量分子 ATP
葉 綠 體	雙層膜構造物	植物行光合作用場所

1-2 **生命的螺旋梯**

自古以來，大家都知道「種瓜得瓜，種豆得豆」的事實，可是沒人知道為什麼會如此，直到西元 1865 年孟德爾(Gregor Mendel, 1822~1884)經由豌豆的研究首次提出遺傳因子的概念，他認為成對的遺傳因子控制了生物性狀的表現，並且提出了相關的遺傳定律。由於孟德爾對遺傳學貢獻良多，因此後人稱他為遺傳學之父。但是遺傳因子究竟是什

⬆ 圖 1-6　孟德爾

麼，當時並不清楚，後來經過很多科學家的研究，終於發現遺傳因子就是**基因**(gene)，且位於細胞核中的染色體上。

染色體是由蛋白質與**去氧核糖核酸**(deoxyribonucleic acid, DNA)所組成，所以蛋白質與 DNA 究竟何者為遺傳物質，當時引起科學家熱烈的討論。由於蛋白質是由 20 種胺基酸組成，而 DNA 只由 4 種核苷酸組成，顯然蛋白質比 DNA 複雜得多，同時染色體上蛋白質的含量遠多於 DNA，

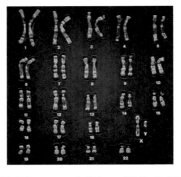

⬆ 圖 1-7　人類 23 對染色體

所以在 20 世紀初多數科學家都以為蛋白質是遺傳物質，但是後來的證據顯示，DNA 才是真正的遺傳物質，也就是基因其實是位在 DNA 之中。

例如在 1928 年，英國的生物學家格里菲斯(F. Griffith, 1879~1941)利用兩種不同品系的細菌來感染老鼠，並觀察受感染的老鼠之生存情形（如圖 1-8），實驗結果發現已被熱殺死的致病性細菌之抽取液，可以將原本無害的細菌轉變成具有致病力。他認為死的細菌當中有一種因子被轉到活的細菌之中，這個因子後來被證實就是 DNA。

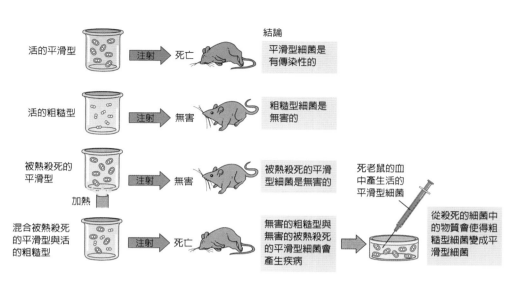

⊕ 圖 1-8　Griffith 的細菌轉化實驗

　　1952 年 Hershey 和 Chase 以放射性同位素 ^{32}P 和 ^{35}S 分別標記 T2 噬菌體的 DNA 和蛋白質外殼，再將做上標記的噬菌體分別感染細菌，結果發現只有 ^{32}P 能進入細菌體內（圖 1-9）。這個實驗進一步證明病毒在感染細菌時，其 DNA 進入寄主細胞內，蛋白質外殼則遺留在外，顯示 DNA 是病毒的遺傳物質。

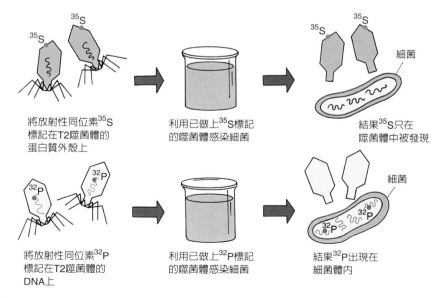

⊕ 圖 1-9　Hershey 和 Chase 的實驗，證明了 DNA 是病毒的遺傳物質

確立遺傳物質是 DNA 之後，從此科學界展開對 DNA 的研究熱潮，西元 1953 年，華生(James Watson, 1928~)與克立克(Francis Crick, 1916~2004)首次發現 DNA 的**雙螺旋**(double helix)結構（圖 1-11），人類開始懂得如何操弄 DNA 來改變遺傳性狀，這也開啟了當代生物科技的大門。

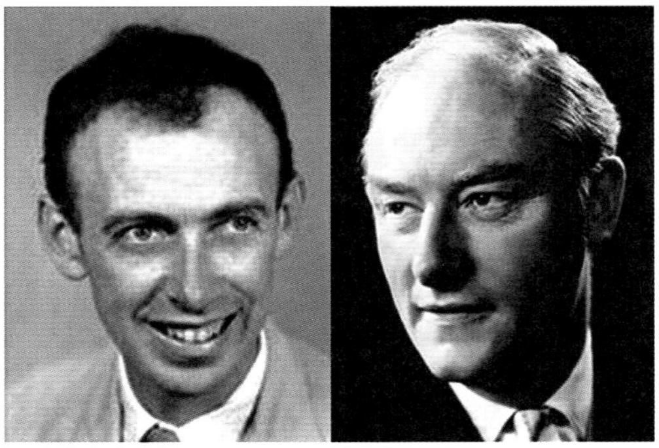

圖 1-10　DNA 的發現者－華生（左）與克立克（右）

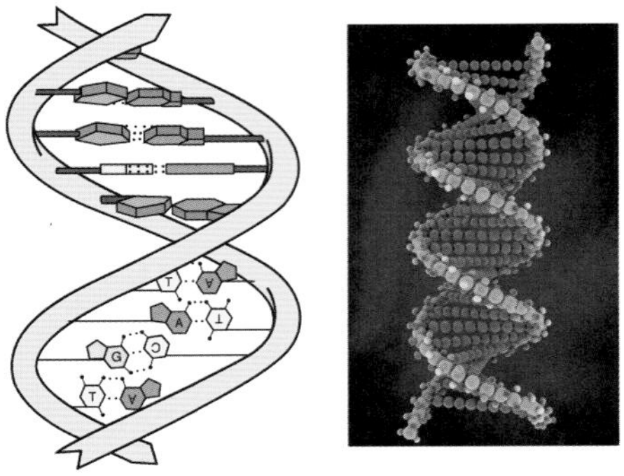

圖 1-11　DNA 的雙螺旋結構

目前已知 DNA 是由核苷酸組成，而核苷酸又由去氧核糖、磷酸根和鹼基所組成，其鹼基有**腺嘌呤**(adenine, A)、**胸腺嘧啶**(thymine, T)、**鳥糞嘌呤**(guanine, G)、**胞嘧啶**(cytosine, C)四種。

DNA 有如一個螺旋梯子，如圖 1-12 所示，兩側扶手是由去氧核糖和磷酸根所構成，鹼基由兩側扶手向內伸出，透過氫鍵連結在一起，形成穩固的階梯。其中腺嘌呤 A 與胸腺嘧啶 T 以兩個氫鍵連結在一起，以符號表示為 A::T；鳥糞嘌呤 G 與胞嘧啶 C 以三個氫鍵連結在一起，以符號表示為 G:::C。

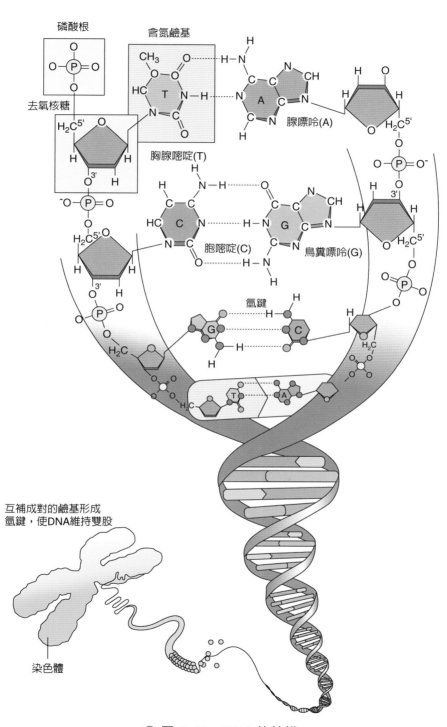

⊙ 圖 1-12　DNA 的結構

　　因為 DNA 的結構中去氧核糖和磷酸根是固定不變，只有鹼基有變化，因此我們可以用鹼基的排列表達一段 DNA 序列，例如某段 DNA 序列為 TCGCAGT，則另一段與其互補的 DNA 序列必為 AGCGTCA（圖 1-13）。

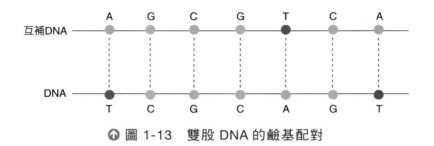

⬆ 圖 1-13　雙股 DNA 的鹼基配對

 **1-3 生命設計藍圖的解碼**

　　DNA 是所有生物的生命設計藍圖。根據這份設計藍圖，細胞會在適當時機製造適當的蛋白質，這些被製造的蛋白質會進一步影響細胞甚至整個生物體的生理機能。

　　基因是 DNA 之中的一段能製造出功能性蛋白質的序列。DNA 的序列包含 A、T、G、C 四種鹼基的排列次序，例如 TCCGCAATGCTTA 就可能是某種 DNA 的一小段序列，其中每 3 個鹼基會構成一個**密碼子**(coden)，而一個密碼子決定一種胺基酸，但是在決定胺基酸之前，DNA 會先轉錄成**核糖核酸**(ribonucleic acid, RNA)，再從 RNA 轉譯成蛋白質（圖 1-14），此謂之**中心法則**(central dogma)。

⬆ 圖 1-14　蛋白質合成過程的中心法則

　　RNA 一共有 3 種，分別是**傳訊者 RNA**(messenger RNA, mRNA)、**核糖體 RNA**(ribosomal RNA, rRNA)、**轉運者 RNA**(transfer RNA, tRNA)，其鹼基有 A、U、G、C 四種，其中 A、G、C 三種與 DNA 的鹼基相同，但是 RNA 以**尿嘧啶**(uracil, U)取代了**胸腺嘧啶**(thymine, T)。

　　蛋白質合成過程之始，細胞會用 DNA 的其中一股做為模板，做出互補性的 mRNA，接下來單股 mRNA 將此蛋白質設計圖自細胞核中帶出來到核糖體（由 rRNA 組成），這時 tRNA 就負責解讀 mRNA 的密碼，並將正確的胺基酸一個個帶到核糖體上，當胺基酸連接在一起就構成**胜肽**(peptide)，再經由適當折疊與修飾就形成了蛋白質（如圖 1-15 所示）。

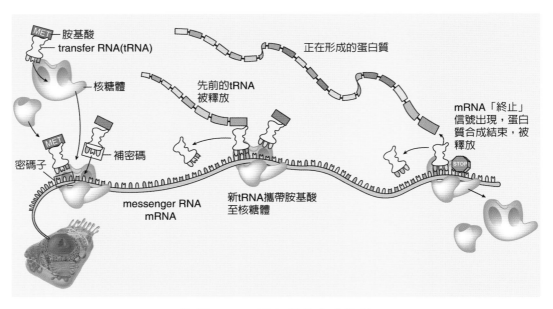

⬆ 圖 1-15　蛋白質的合成過程

　　因為密碼子由三個鹼基組成，而 DNA 或 RNA 皆只有四種鹼基，在每三個鹼基排列下，一共有 $4^3 = 64$ 種密碼子，足可決定 20 種胺基酸（如表 1-2 所示）。例如，RNA 序列 CAGACGUCAGUU 包含了 4 個密碼子：CAG、ACG、UCA、GUU。這段 RNA 編碼代表了長度為 4 個胺基酸的一段蛋白質序列：麩醯胺酸、蘇胺酸、絲胺酸、纈胺酸。

　　雙股螺旋的 DNA 藉由鹼基的配對（A 配 T，G 配 C）維繫其緊密的結構，同時遺傳密碼也隱身於鹼基的排列次序中，所以我們通常以**鹼基對**(base pair, bp)來衡量 DNA 的大小，人類的**基因體**(genome)的大小高達 30 億鹼基對（如表 1-3 所示），要將其完全解碼著實不易，因此世界各國在西元 1990 年合力推動了堪稱與登陸月球重要性相當的**人類基因體計畫**(Human Genome Project)，共同合作研究 DNA 的排列次序，終於在西元 2003 年完成人類 92%的基因體定序，剩餘 8%的基因體定序也在西元 2022 年被解碼，歷時三十餘年，科學家終於 100%解碼人類基因體序列。接下來的工作是破解這個 DNA 排序背後所代表的功能，比如

哪些基因影響了身高，哪些基因造成了肥胖等。完成人類基因圖譜是人類生物醫學史上相當重大的成就，預料將可促成新藥的研發與提升治療疾病的能力，進而大幅延長人類壽命，但人類社會也將可能面臨如人口過剩、糧食短缺等危機。

⬇ 表 1-2　RNA 上的 64 種密碼子

		U		C		A		G	
		第二鹼基							
第一鹼基	U	UUU UUC	苯丙胺酸	UCU UCC	絲胺酸	UAU UAC	酪胺酸	UGU UGC	硫胱胺酸
		UUA UUG	白胺酸	UCA UCG		UAA	終止	UGA	終止
						UAG		UGG	色胺酸
	C	CUU CUC CUA CUG	白胺酸	CCU CCC CCA CCG	脯胺酸	CAU CAC	組胺酸	CGU CGC CGA CGG	精胺酸
						CAA CAG	麩醯胺酸		
	A	AUU AUC AUA	異白胺酸	ACU ACC ACA ACG	蘇胺酸	AAU AAC	天冬醯胺酸	AGU AGC	絲胺酸
		AUG	甲硫胺酸			AAA AAG	離胺酸	AGA AGG	精胺酸
	G	GUU GUC GUA GUG	纈胺酸	GCU GCC GCA GCG	丙胺酸	GAU GAC	天冬胺酸	GGU GGC GGA GGG	甘胺酸
						GAA GAG	麩胺酸		

⏷ 表 1-3　各種生物的基因體大小

物　　　種	鹼基對數量	基因數量
黴漿菌	5.8×10^5	500
大腸桿菌	4.6×10^6	4,400
線蟲	9.7×10^7	18,250
果蠅	1.8×10^8	13,350
人	3.0×10^9	20,000
小麥	1.7×10^{10}	108,000

⏷ 表 1-4　DNA（生命之書）與大英百科全書比較

DNA（生命之書）	大英百科全書
四種鹼基	26 英文字母
23 對染色體	23 卷
20,000 基因	200,000 篇文章
30 億鹼基對	兩億個字元
長 1m，直徑 100Å	20,000 頁

　　DNA 四種鹼基的排列次序編成了一本生命之書，不過我們對這部天書該如何解讀卻所知有限，直到現在人類還在探索這本書的祕密。蘊藏 37 億年的祕密何時能完全解開不得而知，但這本生命之書早已在地球上展現種種的生物之美。

習題 & 討論

一、單選題

( ) 1. DNA由哪種小分子組成？(A)脂肪酸　(B)核苷酸　(C)胺基酸　(D)檸檬酸

( ) 2. 下列何者並非生命演化的方向：(A)由水生到陸生　(B)由簡單到複雜　(C)由單細胞演變成多細胞　(D)由真核生物到原核生物

( ) 3. 哪項構造是細菌有但是動物細胞沒有的構造？(A)細胞壁　(B)細胞膜　(C)細胞核　(D)核糖體

( ) 4. 現存於地球上的原核生物為下列何者：(A)酵母菌　(B)細菌　(C)笠藻　(D)阿米巴原蟲

( ) 5. 細胞的何種構造負責製造能量分子ATP：(A)粒線體　(B)溶小體　(C)高基氏體　(D)核糖體

( ) 6. 哪位科學家經由豌豆的研究首次提出遺傳因子的概念：(A) Gregor Mendel　(B) F. Griffith　(C) Hershey and Chase　(D) James Watson and Francis Crick

( ) 7. 格里菲斯將何種細菌感染老鼠並造成老鼠死亡：(A)活的粗糙型細菌　(B)死的平滑型細菌　(C)死的平滑型細菌混合死的粗糙型細菌　(D)死的平滑型細菌混合活的粗糙型細菌

( ) 8. 華生與克立克首次發現DNA的何種結構：(A)平面　(B)金字塔狀　(C)雙螺旋　(D)立方體

（　）9. RNA上的密碼子UGC可轉譯出何種胺基酸：(A)天冬醯胺酸　(B)硫胱胺酸　(C)甘胺酸　(D)甲硫胺酸

（　）10. 哪種RNA負責解讀mRNA的密碼並將正確的胺基酸一個個帶到核糖體上？(A) mRNA　(B)rRNA　(C)tRNA　(D)DNA

（　）11. 下列哪種生物的基因體最大？(A)小麥　(B)果蠅　(C)線蟲　(D)大腸桿菌

二、問答題

1. 細胞使用的能量分子是ATP，請查出其中文名稱與化學結構。

2. 如果某條DNA的鹼基排列次序為「GGACTACG」，則另一條互補DNA的鹼基排列次序為何？

3. 何謂中心法則(central dogma)？

CHAPTER

2

Biotechnology

生物科技概論

2-1　生物科技的意義

2-2　傳統的生物科技

2-3　現代的生物科技

2-4　生物科技的應用

2-5　生物科技的影響與衝擊

2-1 生物科技的意義

　　科學發展一日千里，其中生物科技的研究更是突飛猛進，像是複製羊、螢光豬、幹細胞等研究與新知一一展現在我們眼前。生物科技的成果可廣泛應用在醫療、食品、環保、農業與能源等各方面，與人類生活息息相關，而自人類基因體解碼完成後，生物科技更加蓬勃發展，可以想見生物科技勢將對人類生活產生重大影響，如今生物科技已被譽為 21 世紀最重要的科技之一。生物科技如此重要，身為現代人就不得不對生物科技有所瞭解。

　　生物科技(biotechnology)一詞最早由 Karl Ereky 於西元 1917 所提出，當時是指將甜菜做為飼料來進行大規模的養豬事業，也就是利用生物之生長、發育及繁殖等方式進行大量生產之總稱。目前根據美國生技產業協會對生物科技的定義為「人類利用生物的製程或分子與細胞的層次，來解決問題或製造出有用的物質與產品」。因此廣義的說，古代其實也有生物科技，因為遠古時代人類雖然不瞭解微生物，但卻會利用微生物釀酒以及製作麵包，所以酒與麵包都可算是生物科技的產物。

 **2-2　傳統的生物科技**

　　傳統的生物科技以雜交育種與發酵技術為主。雜交育種的目的是為了要得到更優良的品種，方法是選擇具有不同特徵表現的同種或種間個體，進行配對與繁殖，然後藉由長時間的選擇與淘汰，得到最優良的品系血緣。例如現在飼養的金魚是在隋唐時期由鯽魚雜交育種而成，古人稱牠為金鯽魚（圖 2-1(a)）。又例如 2000 年前游牧民族即利用馬與驢交配來生產兼具力大與耐勞雙重優點的騾（圖 2-1(b)），不過由於這是屬於種間雜交，因此騾不具有生育能力。

(a)金魚

(b)騾

⬆ 圖 2-1　金魚和騾都是經由人為育種而來

　　古代人類雖然不瞭解微生物，但他們卻懂得應用微生物的發酵製造出有用的產品，例如酒、麵包、醬油、醋、味噌等都是利用發酵來完成的，但是古代人只知發酵方法卻不懂得原理。

　　例如在西元 2004 年，一名美國考古學家從中國河南之賈湖遺址出土的陶器碎片中，發現 9 千年前的古酒殘漬，一舉將世界釀酒史推展到 9 千年前，他並分析出其釀造配方，而一家美國酒廠根據這配方仿製出啤酒。千年古酒利用生物科技重現江湖，思量古往今來，飲者豈不惆悵。

又例如世界上最早利用酵母來做麵包的是金字塔時代的古埃及人，6
千年前，他們懂得將麵粉加水、馬鈴薯及鹽拌在一起，放在熱的地方，
利用空氣中的野生酵母來發酵，等麵糰發酵好後，再加上麵粉揉成麵糰，
放入土窯中烤，這就是目前已知最早期的麵包。

然而生物科技的開端，一般認為是從法國科學家巴斯德(Louis
Pasteur, 1822~1895)開始，因為他發現了發酵原理和食品腐壞都肇因於微
生物的活動，並且發明了加熱式的巴斯德殺菌法。由於巴斯德對微生物
學貢獻良多，因此巴斯德也被稱為「微生物學之父」。後來人們更因此開
發出以微生物發酵為主軸的生產技術，利用發酵槽（圖 2-2）大量生產
醋、酒精與廢水處理等產業，成為近代生物科技產業的主要形式。

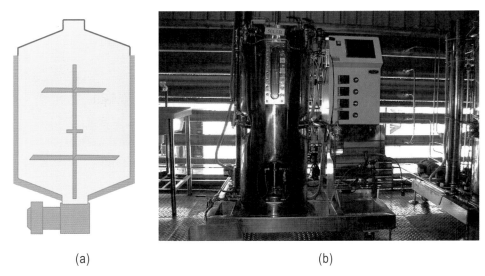

(a)　　　　　　　　　　　　(b)

🔼 圖 2-2　發酵槽：(a)大型發酵槽內部往往有攪拌葉片，可提供微生物均
　　　勻生長的環境；(b)工業用之大型發酵槽實際照片

 **2-3** 現代的生物科技

　　自從巴斯德發現微生物的重要性之後，人類探索微生物世界所得的新知一日千里，例如在西元 1913 年，Carrel 首先將無菌操作技術應用在動物細胞培養上，細胞始能長期培養而不受汙染。如今許多產品如：優酪乳、胺基酸、酵素、醣類、抗生素等，都是結合無菌操作與微生物發酵方法製成的。後來科學家們更建立起重組 DNA 與細胞融合的技術，引領人類跨入現代生物科技的大門，於是現代社會中琳瑯滿目的生技產品也相繼出現，例如基因工程疫苗即是一個例子。

　　根據生物技術操作的對象及方式的不同，現代生物技術主要包括**基因工程、細胞工程、蛋白質工程**與**酵素工程**等 4 種。

1. 基因工程(Genetic engineering)

　　自從人類認識 DNA 才是控制遺傳的中心，並瞭解其雙螺旋結構與遺傳密碼以後，科學家開始想到可藉由操弄基因來改變生物的性狀，這就是基因工程的開始，也成為現代生物科技的核心。

　　基因工程包含**基因重組**(gene recombination)與**基因轉殖**(gene transfer)兩大部分。基因重組主要原理是應用人工方法把生物的遺傳物質 DNA 分離出來，在體外進行切割、接合與重組。切割與接合 DNA 的工具都是利用酵素，切割 DNA 的酵素稱為**限制酶**(restriction enzyme)，接合 DNA 的酵素稱為**接合酶**(ligase)，限制酶就像是一把剪刀可以剪開 DNA，而接合酶就有如膠水可以黏合 DNA，經過重新剪接的 DNA 其部分遺傳訊息已被更換，這樣的作法稱為基因重組（如圖 2-3 所示）。

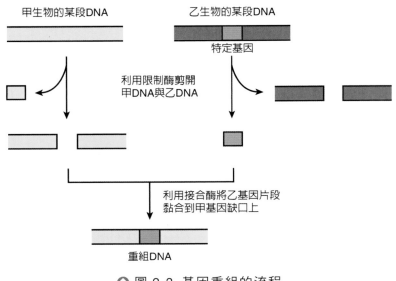

甲生物的某段DNA　　　乙生物的某段DNA

特定基因

利用限制酶剪開
甲DNA與乙DNA

利用接合酶將乙基因片段
黏合到甲基因缺口上

重組DNA

⬆ 圖 2-3　基因重組的流程

　　基因轉殖是指將外源基因（通常是重組 DNA）轉殖到他種生物的過程，從而改造它們的遺傳特性，有時還使新的遺傳訊息在新的宿主細胞中大量表現，以獲得基因產物（蛋白質）。

　　基因轉殖的方法頗多，在此舉出一些常見的方法：

(1) 顯微注射：在顯微鏡底下，使用毛細管將外源基因直接注入生物細胞（圖 2-4）。

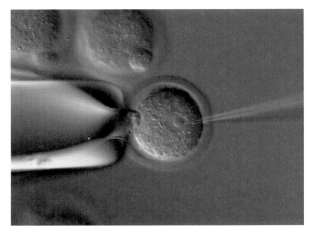

⬆ 圖 2-4　基因轉殖方法－顯微注射

(2) 病毒感染：因為病毒具有感染宿主細胞並將其基因嵌入細胞染色體的能力，所以可利用病毒當作外源基因的**載體**(vector)，即可將外源基因轉殖到宿主身上。

(3) 電穿孔處理法：此技術乃將細胞或組織浸於大量外源 DNA 溶液中，通以瞬間高電壓之直流電，此時細胞即很容易吸收大量外來的 DNA（圖 2-5）。

(4) 基因槍導入法：利用氣體加壓，將附著在微粒（通常為惰性金屬）上的外源基因高速打入細胞中（圖 2-6）。

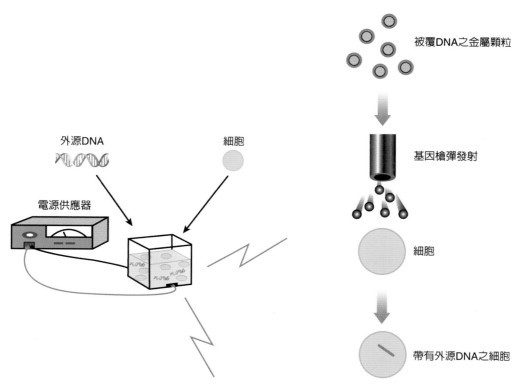

◑ 圖 2-5　基因轉殖方法－電穿孔處理法　　◑ 圖 2-6　基因轉殖方法－基因槍導入法

(5) 脂質體導入法：由於細胞有著由脂質構成的細胞膜，因此可將外源基因包裹在同樣由脂質構成的**脂質體**(liposome)內，利用脂質互溶的特性將外源基因送入細胞中（圖 2-7）。

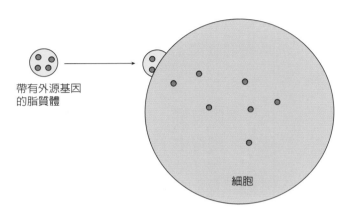

帶有外源基因的脂質體

細胞

⬆ 圖 2-7　基因轉殖方法－脂質體導入法

　　利用基因工程，人們開始可以大量且便宜地製造出所需的蛋白質以作為藥物或疫苗。例如過去 B 型肝炎疫苗須從大量 B 型肝炎帶原者的血液中萃取肝炎病毒，然而在血液來源、成本及安全性上均是很大的問題；因此，生技公司便利用基因工程技術將 B 肝病毒蛋白質的基因放入酵母菌中，驅使這些微生物為人類生產特殊蛋白質。此外，早期用於治療侏儒症的人類生長激素十分珍貴而稀有，因為當時必須從人的遺體中萃取出來，如今這種激素已能被重組 DNA 的細菌大量製造。這種利用基因工程技術製造藥物或疫苗的技術，目前已成熟且商品化。

2. 細胞工程(Cell engineering)

　　細胞工程是指以細胞為對象，在體外進行細胞培養、繁殖，或用人為的方式使細胞某些特性產生改變，改良生物品種和創造新品種，以獲得某種有用物質為目的。所以細胞工程應包括細胞的體外培養技術、細胞融合技術與細胞核移植技術等。

以細胞的體外培養技術而言，整個過程首重無菌操作，因為若發生其他微生物感染，除了實驗對象（某種細胞）可能死亡外，也會無法得到正確的實驗數據與結果。通常要將細胞自某個組織中分解取出，往往藉助酵素的幫忙，例如胰蛋白酶即是常見的分解酵素。細胞培養技術日新月異，且已有各式各樣商品化的耗材與設備發展出來，例如針對不同的細胞培養發展出各種不同的培養皿與培養基等。

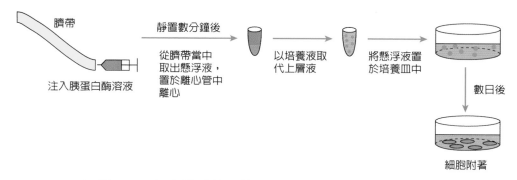

⬆ 圖 2-8　細胞的體外培養—以臍帶內皮細胞的培養為例

⬆ 圖 2-9　細胞培養用的培養皿

細胞融合技術是指將兩種不同細胞經藥物或電流的處理，使其融合，產生兼具兩種母細胞遺傳性狀的融合細胞之技術。利用此技術可以將癌細胞與產生抗體的細胞融合，製造單株抗體，具有廣泛的醫療價值，也可以將馬鈴薯與番茄的細胞融合，產生新品種作物「馬鈴茄」。馬鈴茄

栽培的實驗目的是期望這種新作物的地上部分能長出番茄，而地下部分則結馬鈴薯，如此可一舉二得。

細胞核移植技術中最有名的就是動物複製，透過細胞核移植使得動物的無性生殖得以發生，但這項技術用於人類則會引發複製人的爭議。另外細胞核移植尚可用在治療不孕症上，為解決高齡婦女卵細胞老化，導致胚胎品質不良，甚至發生不孕現象，科學家正研究卵細胞核移植技術，期能克服人類卵細胞老化的問題，進而延長女性之生育年齡。

3. 蛋白質工程(Protein engineering)

生物體內，蛋白質是維持身體正常功能、構成組織的必要物質。它們參與身體內的各項活動，是維持生命所必需，因此蛋白質才會與醣類、脂肪、維生素與礦物質並列為五大營養素之一，其重要性可見一斑。

蛋白質是由胺基酸連接而成的長鏈，再經適當折疊成一定的形狀，才能發揮其活性與功能（如圖 2-10 所示）。而 DNA 是蛋白質最原始的設計藍圖，根據 DNA 上的遺傳密碼可解讀出胺基酸的排列次序，因此蛋白質工程包括了瞭解蛋白質的 DNA 編碼序列、蛋白質的分離純化、蛋白質的序列分析、蛋白質的結構功能分析與修飾等。

以蛋白質的修飾而言，就是先以基因工程的方法，把該蛋白質的基因選殖出來，接著改變基因上面某核酸密碼，進而改變蛋白質的胺基酸序列，然後就有可能改變該蛋白質的性質。蛋白質工程常用在酵素修飾上，因為酵素本身是一種蛋白質，蛋白質工程可用來提高酵素的穩定性，或修飾其催化的條件，以及改變酵素對不同受質的親和程度等。

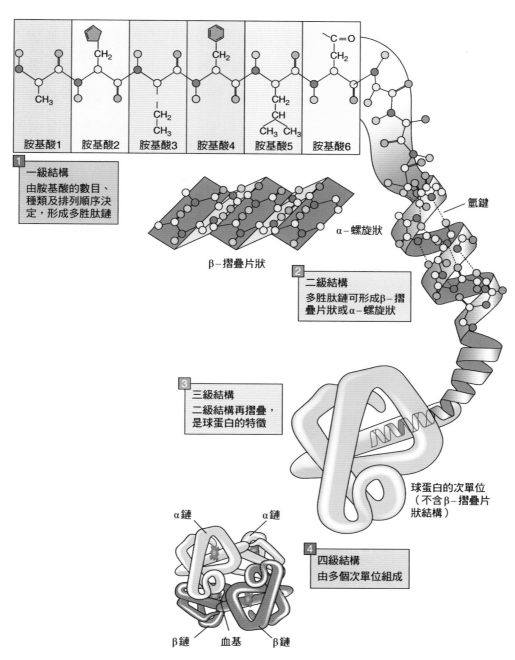

胺基酸1　胺基酸2　胺基酸3　胺基酸4　胺基酸5　胺基酸6

1 一級結構
由胺基酸的數目、種類及排列順序決定，形成多胜肽鏈

β－摺疊片狀

α－螺旋狀

氫鍵

2 二級結構
多胜肽鏈可形成β－摺疊片狀或α－螺旋狀

3 三級結構
二級結構再摺疊，是球蛋白的特徵

球蛋白的次單位
（不含β－摺疊片狀結構）

4 四級結構
由多個次單位組成

α鏈　　α鏈

β鏈　　血基　　β鏈

⬆ 圖 2-10　蛋白質的結構－以血紅蛋白為例

4. 酵素工程(Enzyme engineering)

　　酵素是生物體內生化反應的催化劑，可促進反應進行而自身卻不參與反應。酵素具有作用專一性強、催化效率高等特點，所以細胞需要酵素才能使反應在常溫下進行，沒有酵素，就沒有生物體一切的生命活動。

　　酵素工程是研究酵素的生產和應用的一門技術，它包含酵素的備製、修飾、固定化與酵素反應器等方面。為了延長酵素的壽命、提高酵素的催化活性，人們發展了固定化技術，將酵素限制在一定空間內，使其能在**生化反應器**（bioreactor，圖 2-11）中連續而重複的使用。而固定化的研製也推動了**生物晶片**(biochip)的發展。

反應物

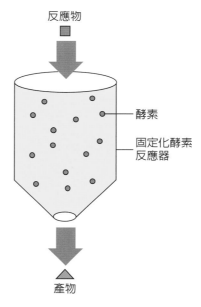

酵素

固定化酵素
反應器

產物

⬆ 圖 2-11　固定化酵素反應器

　　現代生物技術雖以**基因工程**、**細胞工程**、**蛋白質工程**與**酵素工程**等 4 種技術為主，然而這 4 種領域彼此關係密切，且有一定程度的交集，因為他們都奠基於遺傳學、生物化學、分子生物學與細胞生物學等基礎知識上，且在應用上往往屬於跨領域的應用（圖 2-12）。以**基因療法**(gene therapy)為例，其目的是要將正常的基因取代人體細胞內原本有缺陷的基因，在做法上就會使用到基因工程與細胞工程等技術。

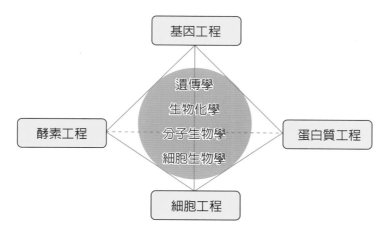

⬆ 圖 2-12　現代生物技術的 4 項主要技術：基因工程、細胞工程、蛋白質工程與酵素工程，這 4 種領域彼此關係密切，且奠基於遺傳學、生物化學、分子生物學與細胞生物學等基礎知識上

2-4　生物科技的應用

　　生物科技的技術核心為基因工程、細胞工程、蛋白質工程與酵素工程等 4 種，而其應用則包羅萬象，例如醫藥保健、食品農牧、資源環保、機電資訊等層面都存在生物科技的應用，如圖 2-13 所示。

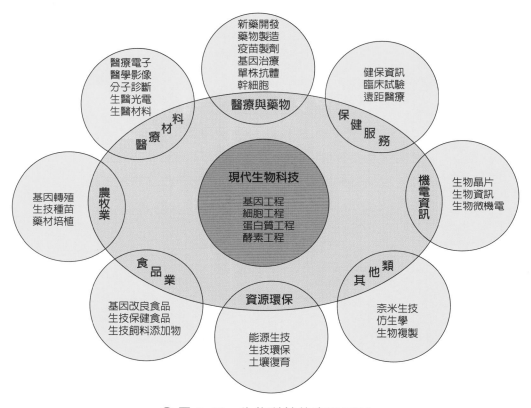

⊕ 圖 2-13　生物科技的應用層面

　　生物科技的應用項目往往很難單獨劃分，因為這些應用層面多屬於跨領域。以生物晶片為例，生物晶片泛指使用微機電技術製成微小化裝置，來進行生物性反應或分析。生物晶片可用於病原體的檢測，這是屬於醫療的部分；生物晶片也可用於環境品質的檢測，這是屬於環保的部

分；生物晶片甚至可用於食品品質的檢測，這是屬於食品的部分。生物科技幾乎已全面性的應用於人類生活的各個層面，影響既深且遠。

2-5　生物科技的影響與衝擊

　　生物科技的進步一日千里，許多嶄新的成果一一出現，這些科技成果往往衝擊到人類的倫理、道德與基本信念。科技發展必須符合人類認同的價值觀，否則科學家如果只為了求知而任意發展科技，很可能這個科技不但沒有造福人類，反而會危害人類。

　　以下我們舉幾個例子說明生物科技的影響與衝擊：

1. DNA 隱私權

　　每個人的 DNA 序列都是獨一無二，因此每個人的外在也是獨一無二。人類現在已經可以藉由 DNA 序列來預測未來可能發生的一些疾病，等到將來人類 DNA 排序背後所代表的功能被全部解出，可想而知，只要藉由 DNA 的檢查，就可以知道一個新生兒未來會發生哪些疾病。往好處看，這些 DNA 資訊對於疾病的預防與治療當然很有幫助；往壞處看，這些 DNA 資訊如果被心存不良的人拿到，你的權益將會受到極大影響，比方老闆看到你的 DNA 資訊，知道你將來可能會生重病，會不會因此把你解僱？所以 DNA 序列是每個人重要的隱私。

2. 基因療法的濫用

　　如果未來基因療法之技術完全成熟後，固然可以治療許多基因缺陷的疾病，可是很有可能會被有心人濫用。例如一些運動員為追求更好的成績，可能會將一些增強肌力與耐力的基因導入其身體，藉以表現出更佳的肌力與耐力。這類實驗已在老鼠身上獲得成功，將來難保不會有人

效法，所以奧運會已明文禁止運動員改造基因（稱為基因禁藥）來增強自己的運動能力。

3. 基因改造生物對生態影響

　　基因改造生物的出現可能會造成生態鏈的失衡，因為生物經過基因改造的目的往往是使其更能適應環境，例如耐寒、耐旱的基因改造作物比其他植物在生存上占了優勢，導致原生種植物的消失。基因改造生物也可能造成基因汙染的現象，例如基因改造作物在生長期間花粉可能傳授到鄰近的一般品種身上，汙染了未經過基因轉殖的一般品種。

4. 複製人的衝擊

　　試管嬰兒的技術已行之多年，並且造福了許多不孕症的夫婦，繼之而起的複製科技，目前雖導向幹細胞的醫療研究，但難保不被有心人利用。加上隨著人類的基因序列與功能逐一被解出，可預見未來在望子成龍的心態下，勢必會發生藉著篩選並改良基因以產生更優良的下一代，只是這樣一來必對人類社會與倫理產生重大的衝擊，這是大家所應深思的。

5. 生質能源效應

　　由於石油礦藏日漸枯竭，替代能源的發展益顯重要，其中生質能源發展引人注目。因為拜生物科技的發展，人們得以從玉米、大豆、甘蔗、馬鈴薯等作物提煉出生質能源，使用後又不像石油會製造空氣汙染，所以算是一種乾淨的能源，於是世界各國莫不大力提倡。然而近來發現當大家一窩蜂發展生質能源的同時，原本應該拿來當作糧食的作物卻被用

來當作生質能源，於是有些地方開始缺糧，所以如何開發生質能源又要避免糧食危機，這是一個有待克服的問題。

習題 & 討論

一、單選題

（　　）1.　運用發酵技術製成的產品不包括：(A)醋　(B)酒　(C)麵包　(D)汽水

（　　）2.　下列選項何者不屬於生物科技的範圍：(A)用酵母菌釀酒　(B)用乳酸菌製作養樂多　(C)用紅麴菌做紅糟肉　(D)用雙氧水漂白麵條

（　　）3.　把螢火蟲發螢光基因移入貓身上，讓貓發螢光稱為：(A)基因改造　(B)基因治療　(C)基因轉殖　(D)基因剔除

（　　）4.　基因轉殖的基因槍導入法使用何種粒子打入細胞較恰當：(A)鈉　(B)金　(C)鋰　(D)鎂

（　　）5.　要將細胞自某個組織中分解取出，往往藉助何種酵素作用：(A)唾液澱粉酶　(B)胰蛋白酶　(C) DNA聚合酶　(D)限制酶

（　　）6.　改變基因上面某核酸密碼，進而改變何種序列：(A)胺基酸　(B)脂肪酸　(C)檸檬酸　(D)抗壞血酸

（　　）7.　何種技術將酵素限制在一定空間內，使其能在生化反應器中連續而重複的使用？(A)基因工程技術　(B)材料工程技術　(C)固定化技術　(D)細胞培養技術

（　　）8.　土壤復育屬於生物科技哪一類的應用？(A)農牧業　(B)食品業　(C)保健服務　(D)資源環保

（　　）9.　基因改造生物的出現可能會造成何種生態鏈的失衡？(A)溫室效應加劇　(B)雨林面積縮小　(C)酸雨越來越嚴重　(D)原生種生物的消失

（　　）10. 使用生質能源雖然較無汙染但可能引發何種危機？(A)缺糧
(B)缺水　(C)缺電　(D)缺人力

二、問答題

1. 馬鈴茄是由哪兩種細胞融合而來？

2. 蛋白質的二級結構中，多胜肽鏈會形成哪些結構？

3. 你認為該如何開發生質能源，才不會引發糧食危機？

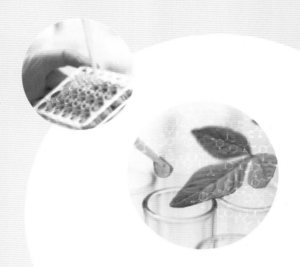

Biotechnology

DNA 的分析方法

3-1　聚合酶連鎖反應

3-2　膠體電泳法

3-3　限制片段長度多形性分析

3-4　DNA 定序法

3-5　RNA 干擾技術

3-6　基因剔除技術

3-7　基因編輯

現代生物科技以 DNA 為核心，因此有必要認識相關於 DNA 的一些分析方法，才能對生物科技的種種應用有所瞭解。本章中將介紹聚合酶連鎖反應、膠體電泳法、限制片段長度多形性分析、DNA 定序法、RNA 干擾技術、基因剔除與基因編輯等 7 種重要的 DNA 分析法。

 **3-1 聚合酶連鎖反應**

聚合酶連鎖反應(polymerase chain reaction, PCR)是一種能在體外快速且大量複製 DNA 的技術，由 Kary B. Mullis 於西元 1985 年發明，並因此獲得諾貝爾獎。

對 DNA 的種種分析一般都需要足夠的量才能進行，但在很多情境下研究人員無法獲得足夠的 DNA 量。例如警方在犯罪現場往往只採集到歹徒極為微量的 DNA，若採用 PCR 技術將此 DNA 複製千萬倍以上，就可以對此 DNA 做進一步的分析。所以 PCR 的出現對於往後 DNA 的分析具有重大的意義。

要瞭解 PCR 的技術原理，首先要知道 PCR 反應需具備的條件和材料，分別如下：

(1) 要被複製的 DNA **模板**(template)。

(2) 界定複製範圍兩端的**引子**(primer)：可分別和 DNA 的雙股配對結合，作為合成新股的起點。

(3) DNA **聚合酶素**(taq polymerase)：將四種核苷酸催化聚合成一新的互補的 DNA 鏈。

(4) 合成 DNA 的原料：其中包括了 dATP、dTTP、dGTP、 dCTP 等 4 種核苷酸。

認識了 PCR 反應需具備的要件之後，進入 PCR 的反應過程，PCR 的反應包括了 3 個步驟，分別是「變性」、「黏合」、「延展」等 3 個步驟（如圖 3-1 所示）：

(1) 變性：使用高溫(93~95℃)，使雙股 DNA 變性，分開成單股的 DNA，以作為往後複製的模板。

(2) 黏合：使引子於一定的溫度下（通常在 40~55℃之間），黏合於單股 DNA 模板上，作為合成新股的起點。

(3) 延展：以單股的 DNA 作為模板，引子為起點，在 DNA 的聚合酵素的催化及適當溫度（約 72℃)的作用下，將四種核苷酸催化聚合成互補的 DNA 鏈。

完成了這 3 個步驟即為一個循環，每個循環可使 DNA 的量增加 1 倍。若重複操作 n 次，DNA 增加的量將會是 2^n 倍。通常一個 PCR 反應須進行 25~30 個循環，在數小時內即可將作為模板的 DNA 複製千萬倍以上。

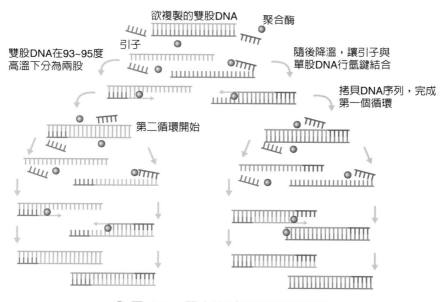

⬆ 圖 3-1　聚合酶連鎖反應的原理

　　PCR 除了是一個研究工具外，更重要的是它已被廣泛地應用在學術、工業和醫學上的研究。在學術方面，例如 DNA 序列的直接分析，基因突變的定位，基因表現與選殖；在工業方面，例如水質及食品當中的微生物含量檢驗等；在醫學方面，PCR 本身可直接用來鑑定特定基因的存在與否，也可以用來偵測基因是否有異常。舉凡對生物標本及法醫學上的樣本鑑定，從單一毛髮、一隻精蟲、一滴血液或唾液來找出兇手，也可以做 DNA 指紋比對，幫助親子關係的鑑定。PCR 更可以用於器官移植之白血球組織抗原相容性的分析。另外，在物種演化上也可利用 PCR 對古生物的化石或琥珀標本進行微量遺傳物質的擴增與研究。

　　例如新冠肺炎(COVID-19)病毒基因非常微小，所以需要透過 PCR 放大基因，可將原始檢體中萃取的病毒核酸以 2 的 N 次方的方式放大，經過 40 個循環即可將最初的檢體放大上千億倍，因此 PCR 檢測具有非常高的敏感性。而所謂的「Ct 值」指的即是病毒基因序列是在經過第幾個循環的放大後，開始被偵測到的，換句話說，Ct 值 30 就是代表檢體病毒基因放大 2 的 30 次方倍才被觀測到，Ct 值越高，代表病毒基因濃度越低，患者體內病毒越少，Ct 值與確診關係可分三層次，Ct 值 30 以下即確診、30 至 35 也視為確診，至於 35 以上、40 以下，則建議採檢第二次。由於本方法是所有方法中敏感性及特異性最高的，因此是目前診斷新冠肺炎急性感染的標準做法。

 **3-2** ## 膠體電泳法

　　膠體電泳法(gel electrophoresis)是指將蛋白質、DNA 或 RNA 等分子置於洋菜或聚丙烯醯胺等膠體及緩衝溶液中,以電流促使其移動,用以區分大小不同的分子之技術。

　　在此用一個障礙賽跑的比喻說明膠體電泳法的基本原理。假想現在有一個胖子與一個瘦子,兩個人舉行障礙賽跑,在他們的面前橫亙著一面又一面的圍牆,這些圍牆上有著許多大小不同的孔洞,照理說誰會先抵達終點呢?

顯而易見瘦子獲勝的機會比較高，因為當兩人面對圍牆上大小不同的孔洞，瘦子隨便一鑽就通過了，然而胖子必須試過一些洞，直到遇到比他體型大的洞方能鑽過，這樣一來當然比較耗費時間。

把膠體電泳法用在區別分子大小的原理如同上述胖子與瘦子的障礙賽跑，其中較大的分子如同胖子，較小的分子如同瘦子，擁有許多孔洞的膠體如同一道道圍牆，通電之後，大、小分子的競賽開始，結局是小分子跑得遠，大分子跑不遠。

DNA 膠體電泳實際做法是將 DNA 樣本注入位於負極的凹槽，當裝有電泳緩衝液的電泳槽通電後，帶負電的 DNA 受到電力的驅使會從負極往正極方向移動，整個移動過程其實是穿越膠體中許多的孔洞，較小的 DNA 分子移動較快，所以離凹槽較遠；較大的 DNA 分子移動較慢，所以離凹槽較近（圖 3-2）。如此一來，不同大小的 DNA 片段即可分開。另外我們通常會在其中一道凹槽置放已知分子量的 DNA 分子作為標記，藉由比較各跑道之 DNA 分子相對位置來判斷未知 DNA 的分子量。

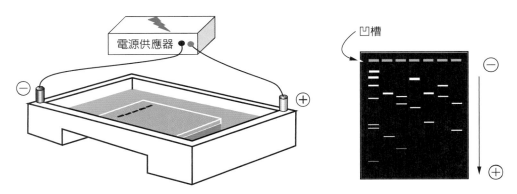

⬆ 圖 3-2　DNA 膠體電泳：左圖為電泳設備，右圖為已經跑完電泳而分開之 DNA 片段。於凹槽注入 DNA 樣本，帶負電的 DNA 受到電力的驅使會從負極往正極方向移動，DNA 片段會因不同大小而分開。右圖最左邊一道凹槽置放已知分子量的 DNA 分子作為標記

　　不同大小的分子經過膠體電泳分開之後，為了找出我們感興趣的分子之位置，依實驗對象與偵測方法的不同，可區分為南方墨點、北方墨點與西方墨點等三種方法：

1. 南方墨點(Southern blotting)

　　實驗對象是 DNA。DNA 經過膠體電泳分開之後，將洋菜膠上的 DNA 轉漬到薄膜上，再以互補的 DNA（已先標定有放射性元素或螢光分子）作為探針進行雜交分析，利用放射性或螢光找出特定的 DNA 片段。

2. 北方墨點(Northern blotting)

　　實驗對象是 RNA。RNA 經過膠體電泳分開之後，將洋菜膠上的 RNA 轉漬到薄膜上，再以互補的 DNA（已先標定有放射性元素或螢光分子）作為探針進行雜交分析，利用放射性或螢光找出特定的 RNA 片段。

3. 西方墨點(Western blotting)

　　實驗對象是蛋白質。蛋白質經過膠體電泳分開之後，轉漬到薄膜上，以抗體作為探針進行雜交分析，進行免疫染色，找出特定的蛋白質。

 **3-3** 限制片段長度多形性分析

　　不同來源的 DNA 被限制酶切割成許多長度不同的 DNA 片段之後，在膠體電泳時會呈現不同條帶的圖樣，這種現象稱為**限制片段長度多形性**(restriction fragment length polymorphism, RFLP)。藉由研究限制片段長度多形性以獲得基因變異的資料，稱為限制片段長度多形性分析。

　　生物的基因體發生核苷酸改變的基本形式為加入、取代、缺失等 3 種（見表 3-1）。如果此一 DNA 序列改變會被限制酶所認識時，則 DNA 序列會被此酵素切成兩個短片段（如圖 3-3）。如果認識之位置缺失則會產生長片段。如果認識之位置只存在來自兩個親代對偶基因的一方，經電泳處理後會產生兩種不同的形態：一個長片段與兩個短片段。此為 RFLP 技術首先被用於區分 DNA 多形性之原理。

⬇ 表 3-1　DNA 鹼基改變的基本形式

原　型	CAT CAT CAT CAT CAT
加　入	CAG TCA TCA TCA TCA
取　代	CAT CTT CAT CAT CAT
缺　失	CAT CTC ATC ATC ATC

　　RFLP 可以作為遺傳疾病的檢測標記。如果發現某一個疾病與某一個 RFLP 的標記始終同時出現，不但可幫助我們診斷出此病是否有遺傳性，更可幫助我們選殖出致病基因，以研究疾病的成因與治療方法。例如：是否患有海洋性貧血症就可用幾種限制酵素切割所作的 RFLP 來鑑定。

　　理論上親緣關係越近的人，其 RFLP 圖譜也會越相近，親緣關係越遠的人，其 RFLP 圖譜差異性就會越大；利用這種概念就可以用來判斷親緣關係。此外 RFLP 圖譜有如指紋般，幾乎每個不同的人均有其獨特的 RFLP 圖譜，可用來協助辨認身分，因此又被稱之為 DNA 指紋(DNA printing)。

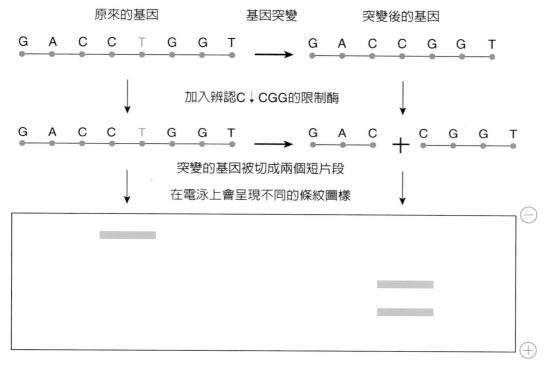

⬆ 圖 3-3　生物的基因體發生核苷酸缺失的改變若被限制酶所識別時，則 DNA 序列會被此酵素切成兩個短片段。此為 RFLP 技術用於區分 DNA 多型性之原理

3-4　DNA 定序法

　　Sanger 於 1977 年開發出**鏈終止**(chain termination)定序法，定出了一個病毒 DNA 的完整序列 5,375 個碼，這是當時最簡便的 DNA 定序法，也是後來自動定序的基礎，使他獲得 1980 年諾貝爾獎。

　　鏈終止法以樣品 DNA 作為模板，分成 4 組，同時使用 DNA 聚合酶在試管中合成 DNA 的長鏈，然後將 4 種核苷酸的類似物(ddATP、ddTTP、ddCTP、ddGTP)分別加入這 4 組進行中的 DNA 合成反應，一旦 DNA 聚合酶以其做為原料之後，DNA 長鏈的合成就被終止，利用此原理，部分合成反應會停在該核苷酸類似物處，造成各種長短不一的 DNA 片段，以電泳分離，即可判讀樣品 DNA 序列。

　　鏈終止法所得到的各種長短不一的 DNA 片段，以電泳分離，跑的最快的股鏈為第一條條帶，代表最小的 DNA 分子及第一個被 ddNTP 終止的股鏈，依此類推，即可判讀 DNA 序列。圖 3-4 中經判讀出來的樣品 DNA 之互補序列為 GACGCTGCGA，所以樣品 DNA 之實際序列為 CTGCGACGCT。

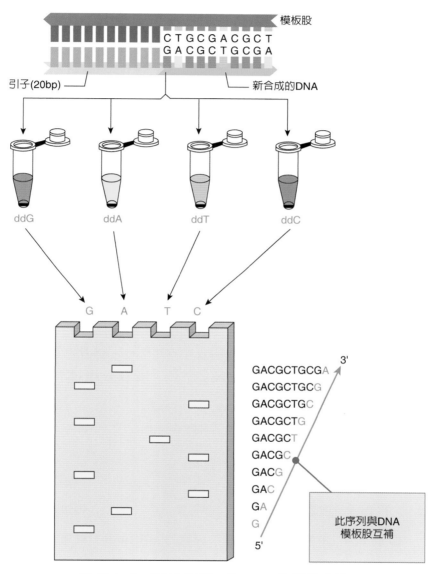

⬆ 圖 3-4　DNA 定序－Sanger 的鏈終止法

3-5　RNA 干擾技術

DNA 轉錄成 RNA，RNA 再轉譯成蛋白質，這種「DNA→RNA→蛋白質」的運作型式稱為生物的中心法則。而 RNA 干擾(RNA interference, RNAi)技術則是破壞 RNA，使得蛋白質無法產生，換言之，RNA 干擾技術使得基因沉默下來，雖然生命的設計藍圖 DNA 仍然完好，但卻不能發揮其指導蛋白質製造的功能。

RNA 干擾現象首先在 1998 年由費爾(Andrew Fire)與梅洛(Craig Mello)在線蟲實驗中注射某肌肉蛋白之 mRNA 因而發現。相對於正常 mRNA，反義 RNA(antisense RNA)可與正常的 mRNA 結合配對形成雙股螺旋的結構，稱為雙螺旋 RNA(double-stranded RNA, dsRNA)。雙螺旋 RNA 對細胞原有的 mRNA 具有破壞作用（如圖 3-5 所示）。

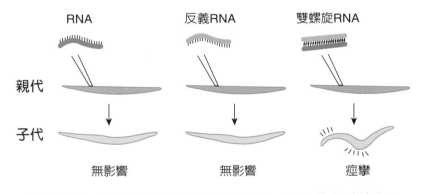

⊕ 圖 3-5　雙螺旋 RNA 對細胞原有的 mRNA 具有破壞作用

將此種雙螺旋 RNA 加入細胞後，會受到細胞內的一種酵素（稱為 dicer）的作用變成小片段的雙螺旋 RNA（如圖 3-6(1)所示），接下來小片段雙螺旋 RNA 的雙股會受到另一種酵素作用而分開，形成 RISC 複合體（如圖 3-6(2)所示），此種複合體藉由鹼基配對（A 配 U、G 配 C）與

細胞內的 mRNA 結合（如圖 3-6(3)所示），並且進一步破壞此 mRNA（如圖 3-6(4)(5)所示），於是細胞將無法製造由此基因調控的蛋白質。

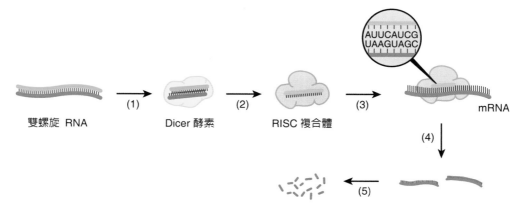

AUUCAUCG
UAAGUAGC

雙螺旋 RNA　(1)　Dicer 酵素　(2)　RISC 複合體　(3)　mRNA

(4)

(5)

⬆ 圖 3-6　RNA 干擾技術的原理

　　由於 RNA 干擾技術可以有效地抑制細胞中特定基因的表現，因此目前已廣泛應用於生物醫學的相關研究。由於許多疾病是基因表現異常所導致，若能藉由 RNA 干擾技術抑制異常的特定基因，就可以開發出各種與基因異常有關疾病的新療法。另外，RNA 干擾技術也可應用在動植物病害防治及品種改良，可謂是一項用途廣泛且重要的技術。

 **3-6　基因剔除技術**

　　2007年諾貝爾醫學獎頒給了建立**基因剔除**(gene knockout)技術的3位科學家：卡佩奇、史密斯和埃文斯。這項技術使得人們可以透過剔除特定基因後的實驗老鼠的病症變化，瞭解基因缺陷所造成的異常疾病，藉此可模擬人體的致病機轉、治療途徑與新藥開發。

　　要說明「基因剔除」的理論之前，必須先認識**同源重組**(homologous recombination)的意義。如圖 3-7 所示，生物在進行減數分裂過程中，來自親代的同源染色體配對排列，發生基因互換現象，這種現象稱為「同源重組」現象。「同源重組」是生物增加變異程度的好方法，可讓生物的子代更能適應環境的挑戰，另外「同源重組」也是細胞修復缺陷基因的辦法。例如來自父親的甲基因存在缺陷，該細胞只要從來自母親的染色體上把相對應的乙基因透過「同源重組」的方法和有缺陷的甲基因交換一下，就可以完成修復。

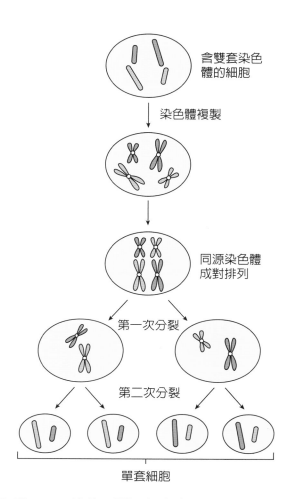

含雙套染色體的細胞

染色體複製

同源染色體成對排列

第一次分裂

第二次分裂

單套細胞

⬆ 圖 3-7 減數分裂過程中的同源重組現象：
生物以減數分裂方式製造含單倍數染色體的
生殖配子（精子與卵），減數分裂過程中同源
染色體成對排列，發生基因互換現象，稱為
同源重組

　　基因剔除實驗的對象目前以小鼠為主，其過程如圖 3-8 所示，首先在實驗室合成一段與標的 DNA 序列相似的 DNA 片段，這是為了模擬同源 DNA 的相似性，然後把它導入小鼠胚胎幹細胞，誘導幹細胞之標的 DNA 和這段 DNA 發生「同源重組」。這樣一來，外來的 DNA 就可以嵌入細胞的染色體內，代替原來那段基因。假設科學家在合成同源 DNA 時做點手腳，改變遺傳密碼的順序，被修改後 DNA 仍然可以和細胞發生「同源重組」，但整合進細胞中的外來 DNA 卻是壞的，無法正常運作。這樣一來，這個基因就被人為地「剔除」了。

　　接下來把這個經過「同源重組」的幹細胞進行繁殖，然後重新植入小鼠的囊胚中，再把囊胚植入一隻小鼠的子宮裡，就能生出一批帶有一部分這種特殊細胞的老鼠。如果被改變的那個幹細胞正巧變成了生殖細胞，那麼這隻小鼠的精子（或卵）的基因就被改變。將來只要再進行幾次選擇性的交配，就能生出一批從頭到腳所有細胞都被改變了的基因剔除小鼠。

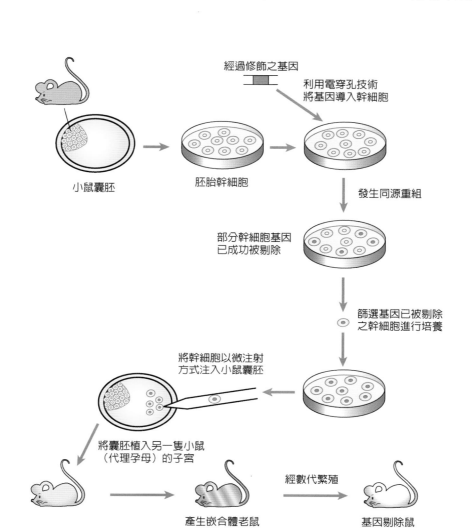

經過修飾之基因

利用電穿孔技術
將基因導入幹細胞

小鼠囊胚

胚胎幹細胞

發生同源重組

部分幹細胞基因
已成功被剔除

篩選基因已被剔除
之幹細胞進行培養

將幹細胞以微注射
方式注入小鼠囊胚

將囊胚植入另一隻小鼠
（代理孕母）的子宮

經數代繁殖

產生嵌合體老鼠

基因剔除鼠

⬆ 圖 3-8　**基因剔除小鼠製作流程**：先將變異的基因片段送入小鼠胚胎幹
細胞中，經過適當的篩選以及培養，再將基因修飾過的胚胎幹細胞以微
注射方式送到小鼠囊胚中，並進一步的植入代理孕母。代理孕母所產下
的小鼠，被稱之為嵌合小鼠，而已經被修飾過的基因則可以利用遺傳的
方式，透過繁殖方法傳遞給子代，最後就可得到從頭到腳所有細胞都被
改變了的基因剔除小鼠

　　科學家研究基因如何表現，因為「基因剔除」技術的發展而大幅提升。比如，你想研究一下甲基因是如何致癌，以往人們只知道這個基因能使 A 分子的數量升高，但老鼠為什麼因此而得癌症，誰也說不清。現在只要把甲基因「剔除」掉，然後觀察沒有該基因的老鼠體內發生了哪些變化，哪些分子的水平升高了，哪些細胞受到了影響等就行了。由於小鼠和人的親緣很近，很多疾病的病理都是相似的，因此這些「基因剔除小鼠」可以作為人類疾病的「模型動物」，通過研究牠們的致病機轉，找出治療方法。

 **3-7** ## 基因編輯

基因組編輯(genome editing)又稱基因組工程、基因編輯，是基因工程的一種新技術，指在活體基因組中進行 DNA 插入、刪除、修改或替換的一項技術。早期的基因工程技術只能在宿主的基因組中隨機插入基因片段，而基因編輯則是在基因組中特定位置插入基因片段。

1987 年，科學家在大腸桿菌的基因體發現一段規律序列：某一小段 DNA 會一直重複，重複片段之間又有一樣長的間隔。因其功能不明，科學家便把這段序列叫做 CRISPR(Clustered, Regularly Interspaced, Short Palindromic Repeats)。後來發現有些細菌受病毒感染僥倖存活後，會挑選一段病毒的 DNA 碎片，插入自己的 CRISPR 序列，就像為病毒建立「罪犯資料庫」。當病毒第二次入侵，細菌就能依靠 CRISPR 序列快速認出這種病毒，第一時間反殺，提高存活率。

細菌如何認出病毒呢？首先，細菌會用舊病毒的 DNA 片段當模板，打造一條互補的引導 RNA，接著，細菌體內的一種可以切割 DNA 的酵素（例如 Cas9）會抓著這段引導 RNA，檢查新病毒的 DNA，看看有沒有與引導 RNA 互補的段落。一旦找到了，表示新舊病毒相同，Cas9 便會立刻剪開被認出的病毒 DNA 片段，進而破壞病毒的入侵。

CRISPR 從頭到尾只用一把萬能酵素剪刀 Cas9，加上一條引導 RNA，就能切割所有的 DNA，它不像過去的酵素剪刀，每剪一種基因就得設計、組裝一把新的酵素剪刀。若目標基因更換，則改換一條合適的 RNA 就好，不需要重新設計複雜的酵素，這讓基因工程技術和價格的門檻大大降低。

1 製作引導RNA，紅色是與DNA互補的序列，藍色部分讓Cas9可以「抓住」RNA。

2 Cas9和引導RNA進入細胞，引導RNA找到互補的DNA序列，由Cas9剪開。

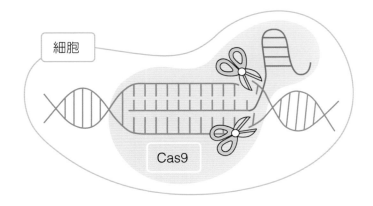

3 送入正確的基因，就有機會黏貼在斷口處。

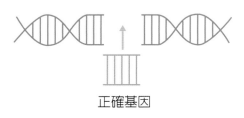

⬆ 圖 3-9 基因編輯

習題 & 討論

一、單選題

( )1. 根據PCR檢測新冠肺炎之Ct值分析以下哪一個檢體中病毒含量最高？(A)Ct值20　(B)Ct值30　(C)Ct值40　(D)Ct值50

( )2. PCR反應若進行9個循環，可將作為模板的DNA複製幾倍以上，請選出最接近的答案：(A) 10　(B) 100　(C) 500　(D) 1000

( )3. DNA電泳中跑得較遠的DNA分子是比較大還是小？(A)較大　(B)較小　(C)一樣大　(D)不一定

( )4. 西方墨點(Western blotting)實驗對象是何種分子？(A) DNA　(B) RNA　(C)蛋白質　(D)維生素

( )5. DNA鹼基為ACCGTCGTCA，加入辨認CG↓T的限制酶，可將DNA分成幾段？(A)1　(B)2　(C)3　(D)4

( )6. 何種圖譜，可用來協助辨認身分，因此又被稱之為DNA指紋？(A)限制片段長度多形性分析　(B)聚合酶連鎖反應　(C)基因剔除技術　(D)RNA干擾技術

( )7. DNA原為CAT CAT CAT CAT…變成CAT CTC ATC ATC…這種突變屬於？(A)加入　(B)取代　(C)缺失　(D)以上皆有可能

( )8. 何種技術能抑制異常的特定基因，但DNA仍然完好？(A)限制片段長度多形性分析　(B)聚合酶連鎖反應　(C)膠體電泳法　(D)RNA干擾

( )9. 何種技術運用同源重組，可瞭解基因缺陷所造成的異常疾病，藉此可模擬人體的致病機轉、治療途徑與新藥開發？(A) RFLP　(B) RNA干擾　(C)基因剔除　(D)基因編輯

（　　）10. 在活體基因組特定位置進行DNA插入、刪除、修改或替換的一項技術為下列何者？(A) RFLP　(B) RNA干擾　(C)基因剔除　(D)基因編輯

二、問答題

1. RNA干擾技術與基因剔除技術兩者的目的都是希望研究出特定基因的功能，唯其應用原理仍有相當差異，請問此差異性為何？

2. 說明南方墨點、北方墨點與西方墨點等三種方法在實驗對象上的不同。

3. 下圖為Sanger定序法得到之電泳圖，那麼真正的DNA序列是什麼？

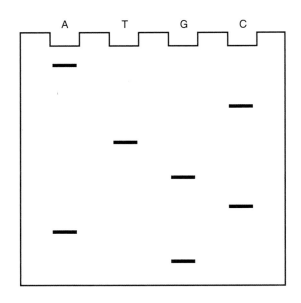

Biotechnology

CHAPTER

4

生物科技在
醫藥上的應用

4-1　基因工程藥物

4-2　基因療法

4-3　幹細胞的應用

4-4　人造器官

4-5　單株抗體

4-6　肉毒桿菌的應用

4-7　長生不老的研究

 **4-1** ## 基因工程藥物

　　過去藥物的來源大致可分成人為的化學合成與從生物當中萃取其生化合成產物等兩種方式。但是自從 1973 年基因重組技術出現後，分子生物學的進展一日千里，因而衍生出目前極為重要的基因工程藥物。例如過去欲得 1 毫克的人類生長激素須從 1 萬公升的人類血液中萃取，但基因重組技術的出現讓我們將人類生長激素的基因轉殖到微生物體內後，只需數公升的微生物醱酵液即可得到相同的生長激素產量。如此一來，過去難以取得的藥物便不再一藥難求，而生產成本也可大幅降低。

　　1978 年已有公司研發出世界上第一個基因重組藥物（胰島素），並於 1982 年獲准上市。到目前為止，多種基因工程藥物先後研製成功並投入應用，如胰島素、生長激素、干擾素、凝血因子、疫苗等產品，已發揮出顯著的療效。

　　要讓細菌製造出人類胰島素，就要先以限制酶將人類胰島素的基因切割，同時將細菌的一種環狀 DNA（稱為**質體**，plasmid）切開當作載體，再將這兩段 DNA 以接合酶黏合而成一重組 DNA，並送入大腸桿菌細胞內，利用大腸桿菌為宿主大量製造出胰島素，可作為治療糖尿病藥物之用（圖 4-1）。此種利用剪刀（限制酶）與膠水（接合酶）來重新組合 DNA 的方式，使人類開始可以任意將要表現的基因放入異種細胞內生產，也使得基因工程藥物得以大量生產。

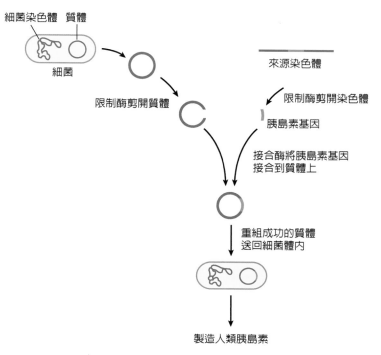

細菌染色體　質體

細菌

限制酶剪開質體

來源染色體

限制酶剪開染色體

胰島素基因

接合酶將胰島素基因
接合到質體上

重組成功的質體
送回細菌體內

製造人類胰島素

⬆ 圖 4-1　以基因重組方法製造胰島素

4-2　基因療法

所謂**基因療法**(gene therapy)指的是將正常基因轉殖到人體細胞,用以取代原有的缺陷基因,如此可以克服由於基因缺陷所引起的疾病。

在 1990 年,美國一位患有**腺核苷脫胺酶**(adenosine deaminase, ADA)缺乏症的 4 歲女童首先接受基因療法,治療後病情得到改善,從此陸陸續續有許多科學家嘗試用此法醫治許多疾病,例如遺傳性疾病、愛滋病、帕金森氏症、心血管疾病與癌症等。

ADA 缺乏症的基因療法是先從患者的血液取出淋巴球,再以病毒為載體,將正常的 ADA 基因轉殖到患者的淋巴球,最後將已植入正常 ADA 基因的淋巴球送回患者體內(如圖 4-2 所示)。

基因療法的技術仍在發展中,雖然它是醫療技術的明日之星,但目前貿然實施此種治療,仍要負擔相當程度的風險。例如使用病毒當作正常基因的載體,有可能造成患者受到病毒感染或引發免疫反應。在 1999 年,一位美國青年在賓夕法尼亞大學人類基因治療中心接受基因治療後,發生急性系統性炎症反應,最後因全身器官壞死而過世,成為世界上首位因基因療法而死亡的案例。

基因療法分成兩種方式:體外基因療法(*ex vivo*)以及體內基因療法(*in vivo*)。體外基因療法(亦可視為細胞治療)是取出患者特定的細胞至體外進行基因工程改良基因缺陷後,再選出機能表現正常且符合需求的細胞,移植回患者體內。體內基因療法則是利用事先已經過基因工程改造後的基因,直接注射至患者體內進行治療。

雖然基因療法已發展多年,但其人體試驗仍處在摸索階段,目前仍然面臨新的突變、病毒感染、損害組織、導致癌症發生與引發免疫反應等副作用,這些問題都是科學家所要克服的重點。2012 年,歐盟首度批

准第一個基因治療藥物 Glybera 後，全球每年批准的基因治療臨床試驗已超越過往 20 年間的最大值，一旦基因療法技術成熟後，相信很多目前無法根治的疾病都有可能得到治療。

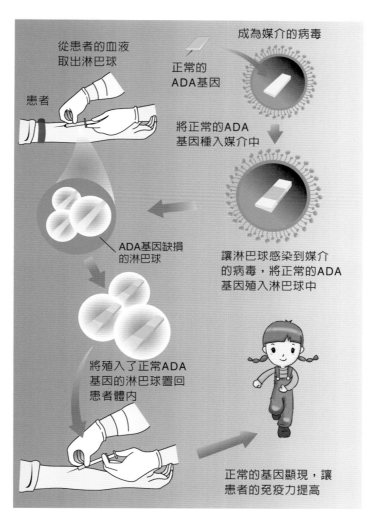

成為媒介的病毒

從患者的血液取出淋巴球

正常的 ADA 基因

患者

將正常的ADA基因種入媒介中

ADA基因缺損的淋巴球

讓淋巴球感染到媒介的病毒，將正常的ADA基因殖入淋巴球中

將殖入了正常ADA基因的淋巴球置回患者體內

正常的基因顯現，讓患者的免疫力提高

⬆ 圖 4-2　ADA 缺乏症的基因療法

4-3 幹細胞的應用

　　幹細胞(stem cells)是一群處於尚未完全分化的細胞，同時具有分裂增殖成另一個與本身完全相同的細胞，以及分化成為多種特定功能組織的細胞兩種特性。幹細胞在生命體由胚胎發育到成熟個體的過程中，扮演著關鍵性的角色，即使生物體發育成熟之後，幹細胞仍然普遍存在於生物體中，擔負著各組織及器官的細胞更新及受傷修復等功能。

　　幹細胞又可分為胚胎幹細胞及成體幹細胞兩種，茲分述如下：

1. 胚胎幹細胞（Embryonic stem cells，ES 細胞）

　　胚胎幹細胞指的是胚胎發育早期囊胚的內層細胞，具有分化成各種不同組織的能力，可說是所有組織細胞的起源。

　　已有實驗成功地將小鼠胚胎幹細胞分離出來後在體外培養，並使之分化成神經細胞、造血幹細胞、心肌細胞等型態。若將正常小鼠胚胎幹細胞移植到不具排斥能力的免疫缺陷小鼠體內，胚胎幹細胞可以在其體內發育成肌肉、軟骨、骨骼、牙齒等不同的組織。

　　人類胚胎幹細胞的研究仍然涉及到倫理與道德的問題，因為一個囊胚具有發展成一個生命體的能力，所以是否一定要使用製作胚胎來從事幹細胞的研究仍值得大家深思。

2. 成體幹細胞（Adult stem cells，AS 細胞）

　　成體幹細胞具有發育成為特定組織或器官的能力。在細胞的分化過程中，細胞往往由於高度分化而失去再分裂的能力，最後衰老死亡，生物體在發展過程中為了彌補這個不足，在各種組織中保留一部分未完全分化的原始細胞，稱之為成體幹細胞，又稱組織幹細胞。如果把胚胎幹

細胞看成樹的主幹，成體幹細胞則是由主幹分化而來的枝幹（如圖 4-3 所示）。

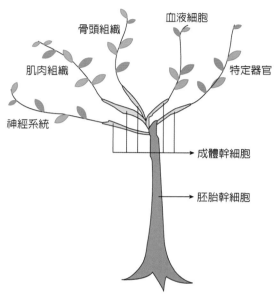

血液細胞
骨頭組織
特定器官
肌肉組織
神經系統
成體幹細胞
胚胎幹細胞

🔼 圖 4-3 胚胎幹細胞可以分化為各種組織與器官，甚至發展為完整的生物體，有如樹木的主幹；成體幹細胞具有發育成為特定組織或器官的能力，有如樹木的枝幹

越來越多的實驗顯示，一些存在血液、骨骼、肌肉與神經系統的特定細胞，具有分化成為成熟功能細胞的能力，這意味著成體幹細胞存在於多種組織中，擔任著修復受損組織的工作。

以造血幹細胞為例，它們可自骨髓、臍帶血、血液、胎盤等被分離出來，具有分化成各種血液組成細胞的能力，在適當的培養條件下，這些細胞也能分化成肺、腸的表皮細胞或是皮膚組織。在 1988 年，法國第一次為罹患先天性再生不良性貧血症的 5 歲小男孩施行世界上首例的臍帶血造血幹細胞移植，成功救回了他的性命，從此改變了人們對於隨著嬰兒出生離開母體，而一直都被當成廢物丟掉的臍帶之評價與認識。

　　目前研究的方向是想開發出使幹細胞分化成各種特定組織的流程與條件，以再生醫療方式，利用這些細胞修復人體受損的組織與治療疾病（如圖 4-4 所示）。

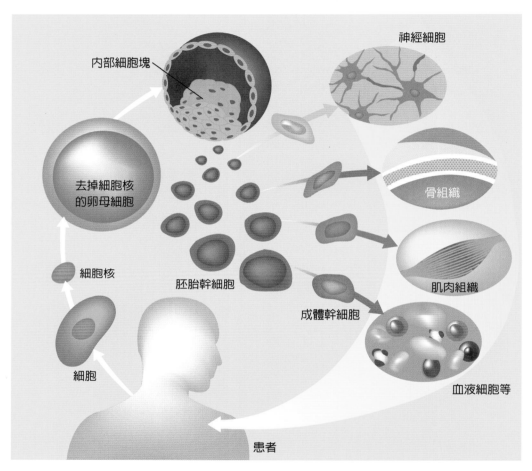

內部細胞塊

神經細胞

去掉細胞核的卵母細胞

骨組織

細胞核

肌肉組織

胚胎幹細胞

成體幹細胞

細胞

血液細胞等

患者

⬆ 圖 4-4　幹細胞用於修復人體受損組織的流程

　　雖然胚胎幹細胞具有分化成為所有組織細胞的能力，甚至能發展成獨立個體，這種能力稱為**全能性**(totipotential)，但其取得方式較具爭議。相反地，成體幹細胞的取得可以避免道德問題，但其分化潛能並不如胚胎幹細胞來的廣。此外，現有已知仍存在於成熟生物體內的成體幹細胞，在數量與品質上，都不若胚胎幹細胞來的好。這些缺點使得成體幹細胞的臨床應用大受限制，這是成體幹細胞的研究需要解決的障礙。

　　值得一提的是，科學家最新發展的**誘導多能性幹細胞**（induced pluripotent stem cells，iPS 細胞）技術，只要將適當的基因送入已經完全分化的細胞，就可以使細胞重新設定，回復類似胚胎幹細胞的分化能力。iPS 細胞雖然不具全能性，但只要經由特殊訊號分子的引導，即可將它們轉換成為各種體細胞，此種具有分化成多種細胞組織的潛能稱為**多能性**(pluripotential)。由於取得 iPS 細胞是藉由對已分化的細胞重新設定而獲得，因此不會產生像胚胎幹細胞的道德爭議。

4-4　人造器官

　　一個人終其一生有些器官或組織可能產生缺損，導致不堪使用，此時該如何醫療？最簡單的想法就是如同維修車子一般把老舊的零件替換成新的零件，於是醫療上產生了器官移植的作法。然而來自於他人的器官移植，除了捐贈者稀少等問題以外，移植過程往往會引起排斥反應，使得器官移植的成功率大為降低，於是科學家另外發展**人造器官** (artificial organs)，使無法進行器官移植的病患獲得存活的機會。

　　目前科學家已發明了人造心臟、洗腎機、心肺機、人造手、人造腳等人造器官，讓一些垂危的病人可以重獲生機，隨著電子、機械與材料等科學的進步，這些機械式的人造器官製作得越來越精巧，然而其設計仍有許多困難有待突破，例如尺寸過大、無法替代複雜反應、使用時間有一定期限等問題。

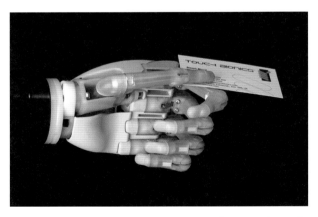

⬆ 圖 4-5　研發中的生化電子手擁有 5 個發動機，可分別驅動每根手指，並讓病患能做他們原本無法靠義肢所做的活動

　　另一類的人造器官是利用生物科技由細胞打造出器官，此種做法目前還在研究發展中，但極具前瞻性，因為器官原本就是由細胞分化而成，如果我們能夠在體外用細胞製造出器官，必然是生物醫學的一大突破。例如在 1992 年麻省理工學院的教授羅伯特・藍格(Robert Langer)成功地在老鼠背上培養出人耳形狀的軟骨（圖 4-6）。其過程首先是製造可自然代謝分解的高分子材料當支架，再來使軟骨細胞在這種特殊的人工支架上生長，經過一段時間的培養後，想要的組織就會慢慢地成形。

　⬆ 圖 4-6　麻省理工學院的化工系教授羅伯特・藍格(Robert Langer)於 1992 年成功地在老鼠背上培養出人耳形狀的軟骨

　　目前已有科學家在實驗室成功培養出人造老鼠心臟，這項實驗將來可用於人類身上，把某一顆人類心臟原有細胞去除後，只留下組織架構，再植入待接受移植者的幹細胞，等到新的心臟長好了之後，再植入患者的體內，這樣就能大幅降低排斥反應，同時解決可移植心臟短缺的問題。此項研究還意味著可以人工製造任何器官，這似乎驗證了 2002 年諾貝爾生物學獎獲得者沃爾特・吉爾伯特的一句話：「用不了 50 年，人類將能用生物工程的方法培育出人體的所有器官」。

4-5 單株抗體

外來物質（蛋白質、醣類……）若侵入身體，我們叫這些入侵者為**抗原**(antigen)，抗原會引發體內的免疫反應，於是身體會製造**抗體**(antibody)去攻擊抗原。

抗體本身是一種蛋白質，為白血球當中的 B 細胞所製造，當免疫系統發現了抗原，就會派出 B 細胞製造出特定的抗體，專一地去攻擊這個抗原。若抗原含有兩種外來蛋白質，則至少會產生兩種不同的 B 細胞，分別製造兩種抗體去對抗這些蛋白質，但每一種 B 細胞只能產生一種抗體。

所謂**單株抗體**(monoclonal antibody)指的是由同一種類型的 B 細胞所製造的抗體，可辨認抗原單一特定部位；相對而言，多株抗體是由多種類型的 B 細胞所製造的多種抗體集合，可辨認抗原多個特定部位（如圖 4-7 所示）。

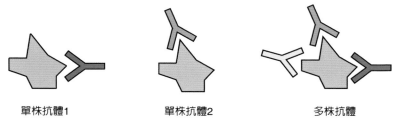

單株抗體1　　　　　單株抗體2　　　　　多株抗體

⬆ 圖 4-7　單株抗體與多株抗體的差異

科學家於是想到如果能把「單一種 B 細胞」分離出來培養、增殖，那就能產生單一種專一性抗體（單株抗體），利用抗原與抗體專一性結合的特性，必定會在醫療上有極大的用途。可惜這個想法一直未能實現，因為正常的 B 細胞無法在培養皿中分裂與生長，直到**細胞融合**(cell fusion)技術發展出來以後，製造單株抗體的想法始得以實現。

　　利用細胞融合技術可以將癌細胞與產生抗體的 B 細胞融合，製成**融合瘤細胞**(hybridoma)（如圖 4-8 所示）。融合瘤細胞同時具有癌細胞不斷增生及 B 細胞產生抗體的特性，可用來大量生產具相同性質的抗體，即所謂之單株抗體。單株抗體容易量產，且性質均一，具有廣泛的應用價值。

🔼 圖 4-8　細胞融合技術製造單株抗體的過程
　　1. 將抗原打入老鼠體內。
　　2. 老鼠呈現良好的抗體反應時，將其脾臟取出。
　　3. 加入可促進細胞膜融合的**聚乙二醇**(polyethylene glycol, PEG)使脾臟 B 細胞與骨髓瘤細胞融合。
　　4. 融合瘤分泌的單株抗體，可辨認抗原特定部位。

　　單株抗體在醫療上有兩個重要的應用，一個是當作診斷工具，可用來檢測病原體；另一個是用在**標靶治療**(target therapy)，可用來治療癌症。

　　單株抗體當作醫學檢驗的診斷工具是利用抗原與抗體專一性結合的特性（如圖 4-9 所示），可製成診斷試劑與生物晶片，實施過程只要蒐集人的血液、尿液、細胞等樣品，再利用單株抗體做免疫分析，即可知存在於樣品中的表面抗原。市面上已有多種利用單株抗體的商品，用以檢驗病毒、細菌、寄生蟲、核酸等及懷孕指標 hCG（人類絨毛膜性腺激素）。

　　單株抗體當作標靶藥物，以癌症治療為例，將可以殺死細胞的藥物與對癌細胞表面抗原有專一性之單株抗體結合一起，再將此結合物打入癌症病患體內，此時，單株抗體就如同追蹤飛彈般會把藥物帶到癌細胞處，再發揮藥效將癌細胞殺死，並且不會影響到正常細胞（圖 4-10）。此種治療性抗體已成為極具潛力的新藥，可是仍十分昂貴。

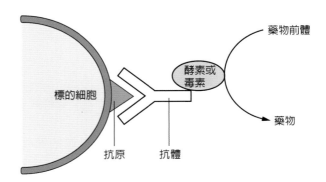

⬆ 圖 4-9　單株抗體當作醫學檢驗的診斷工具是利用抗原與抗體專一性結合的特性

⬆ 圖 4-10　單株抗體可作為消滅癌細胞的標靶藥物，它可專一性地找出癌細胞並加以消滅，故有癌症飛彈之稱

 **4-6**　　**肉毒桿菌的應用**

　　一般人聽到細菌這兩個字都敬而遠之，因為細菌會造成許多疾病，然而在生物科技發達的今天，科學家卻善用各種細菌造福人類，比如**肉毒桿菌**（*Clostridium botulinum*，圖 4-11）就是一個最明顯的例子。

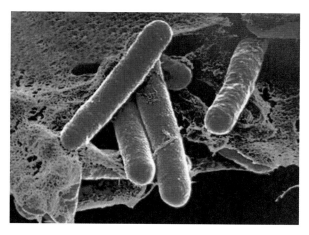

⬆ 圖 4-11　肉毒桿菌的放大圖

　　肉毒桿菌是一種極端厭氧的細菌，在一般乾淨的環境很難存活，只有在腐敗的食物或環境下才會大量孳生。這種細菌會製造一種稱為**肉毒桿菌素**(botulinum toxin, BOTOX)的蛋白質毒素，造成人類嚴重的神經性中毒，當它影響到呼吸肌肉時，就會構成立即的生命威脅。根據估計 1 盎斯（＝28.35 克）的肉毒桿菌純化毒素就足以使數億人死亡。

　　正因為肉毒桿菌對人有強大的殺傷力，所以早期研究肉毒桿菌的目的是為了要將它做為生化武器。研究人員發現肉毒桿菌素作用原理是會與肌肉中的神經纖維末梢相結合，並且抑制神經纖維末梢釋放一種叫做**乙醯膽鹼**(acetylcholine)的神經傳導物質，從而抑制肌肉收縮（如圖 4-12 所示）。

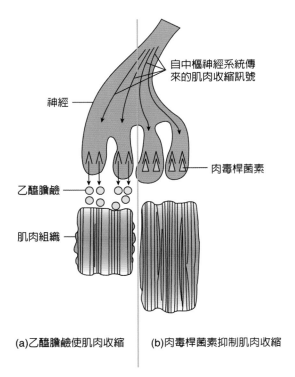

自中樞神經系統傳來的肌肉收縮訊號

神經

肉毒桿菌素

乙醯膽鹼

肌肉組織

(a)乙醯膽鹼使肌肉收縮　(b)肉毒桿菌素抑制肌肉收縮

⬆ 圖 4-12　肉毒桿菌素作用原理

　　後來有醫生想到肉毒桿菌素既然可以壓抑肌肉收縮，何不用它來鬆弛某些因肌肉痙攣所造成的疾病，例如斜視、顏面痙攣等，結果使用肉毒桿菌素加以治療後頗為成功，從此開啟了人們使用肉毒桿菌素在醫療用途上的新紀元。

　　目前肉毒桿菌素已成為美容除皺的利器，因為皺紋是肌肉收縮所造成，而肉毒桿菌素剛好可以鬆弛肌肉緊張，進一步達到除皺效果。如今利用肉毒桿菌素除皺幾乎已蔚為風潮，可惜此種除皺方式只能維持幾個月，當肉毒桿菌素開始作用以後，神經末梢就會進行自動修補，所以肉毒桿菌素療法的功效不能永遠維持，而會漸漸的失效。無論如何，原本有著惡毒面貌的肉毒桿菌，在生物科技的運用下已搖身一變成為美麗佳人。

 **4-7 長生不老的研究**

　　長生不老是人類千古追求的夢想，偏偏人類的壽命有其限制，這使得我們不得不面臨生離死別的情境。時至今日，拜生物科技之發展，造成人類老化的祕密逐漸被揭開，也許有一天，長生不老真能實現。

　　要長生不老首先要知道老化原因，自從遺傳物質 DNA 的結構被發現以來，有越來越多的證據發現老化與基因有關。老化本身受多重因素的影響，本文僅列出 3 項目前關於老化的研究發現：

1. 老化與 DNA 的損傷有關

　　細胞會受到活性氧、紫外線、有毒化學物質等的危害，導致 DNA 受損，影響了蛋白質的正常合成，人體雖然有 DNA 的修復機制，但修復功能不一定達到百分之百，於是損傷一點一滴的累積，累積到一定程度，組織與器官的功能就發生障礙，於是老化症狀就一一浮現。

2. 老化與老化基因有關

　　科學家陸陸續續在多種生物（果蠅、線蟲、酵母菌、老鼠等）身上找到老化基因，以線蟲為例，線蟲是一種體長約 1 公釐的生物，由不到 1,000 個細胞構成，其最長壽命不到 22 天，所以頗適合用來做為壽命研究的對象。科學家發現破壞線蟲的某些基因，可使線蟲的壽命大幅延長。這個研究提供我們可尋找人類控制老化的基因，進而瞭解老化基因的運作模式，也許就可使人類壽命延長。

3. 老化與端粒有關

　　人體各個組織細胞都可能受損，還好即使部分細胞死亡，其他細胞藉由細胞分裂即可彌補失去的部分。可惜的是，人體大多數的組織細胞的分裂次數皆有一定限制，這使得人體自我修復的機能也跟著受限。1961

年，黑弗利克發現實驗室裡培養的正常人類細胞的壽命有限，這些細胞多在分裂到第 50 次即停止生長，不再複製，並逐漸衰老。這個數值現在稱為**黑弗利克極限**(Hayflick limit)。

為什麼人體細胞的分裂次數有一定限制？科學家目前已有初步答案，那就是**端粒**(telomere)所造成的結果。端粒位於染色體末端，是由「TTAGGG」等鹼基重複排列數千次的構造（圖 4-13），目前研究發現端粒會隨著每一次的細胞分裂而變短，短到某個程度，細胞將不再分裂，也就是端粒好比是細胞壽命的計時器，當這個計時器歸零時，細胞終將面臨老化。

端粒與細胞壽命有關，也和人體壽命有關，例如年長者的端粒一般就比兒童的短，科學家目前已發現**端粒酶**(telomerase)可以在端粒的末端加上重複序列，使得端粒不會變短，細胞得以重生，這項發現有助於尋找延長壽命的方法。

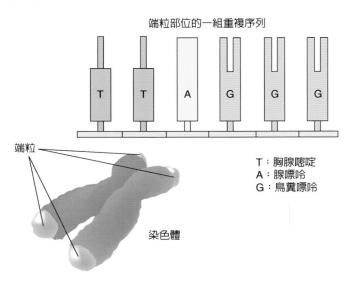

端粒部位的一組重複序列

T：胸腺嘧啶
A：腺嘌呤
G：鳥糞嘌呤

端粒

染色體

⬆ 圖 4-13　細胞壽命的計時器－端粒

綜合上述說明，老化的研究已進展到基因層次，人類生老病死的宿命是否能被打破，相當值得我們拭目以待。

習題 & 討論

一、單選題

( )1. 哪一項藥物利用基因重組無法製造出來？(A)胰島素　(B)阿斯匹靈　(C)凝血因子　(D)疫苗

( )2. 基因重組過程專門用來黏合DNA中的酵素是何者？(A)唾液澱粉酶　(B)胰蛋白酶　(C)接合酶　(D)限制酶

( )3. 將正常基因轉殖到人體細胞，用以取代原有的缺陷基因，稱為：(A)基因療法　(B)基因晶片　(C)基因偵測　(D)基因突變

( )4. 胚胎幹細胞具有分化成為所有組織細胞的能力，這種能力稱為：(A)普遍性　(B)全能性　(C)一般性　(D)專一性

( )5. 臍帶血造血幹細胞屬於：(A)胚胎幹細胞　(B)成體幹細胞　(C)誘導多能性幹細胞　(D)不屬於幹細胞

( )6. 在老鼠背上培養出人耳形狀的軟骨過程中，所選用的支架具有何種性質？(A)金屬性質　(B)耐高溫性質　(C)導熱係數佳　(D)生物可分解性

( )7. 將何種細胞與產生抗體的B 細胞融合，製造融合瘤細胞？(A)紅血球　(B)神經細胞　(C)肝細胞　(D)癌細胞

( )8. 肉毒桿菌素在醫美功能不包括治療下列何者？(A)顏面痙攣　(B)斜視　(C)除皺　(D)中風

( )9. 細胞分裂的計時器是哪一項？(A)端粒　(B)粒線體　(C)內質網　(D)核糖體

（　　）10. 能導致DNA受損的物質不包含哪一項？(A)紫外線　(B)有毒化
學物質　(C)抗壞血酸　(D)活性氧

二、問答題

1. 幹細胞可分為哪兩種？功能上各有何差異？

2. 人造器官如果不使用電子與機械等裝置，還有什麼方法可以製造器
官？

3. 單株抗體的產生是利用哪兩種細胞融合而來？

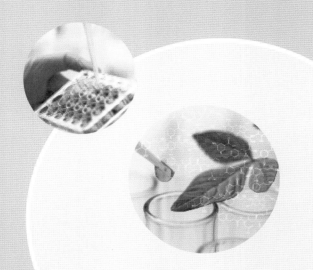

Biotechnology

CHAPTER

5

生物科技在
農牧上的應用

5-1 植物組織培養

5-2 細胞融合

5-3 基因轉殖作物

5-4 夢幻般的藍玫瑰

5-5 基因轉殖動物

　　生物科技可以大幅增加農牧業的經濟價值：例如基因改造可抗病蟲害的農產品，以增進作物品質和產量；轉殖植物可以吸收土壤汙染物質；生物農藥對農作物病蟲害具有抑制作用。基因轉殖動物除可改進家畜生產性能及增強家畜抗病能力以外，並可作為生產新藥或高單價化合物的動物工廠與研究人類疾病之用。

⬆ 圖 5-1　抗癌番茄：經過基因改造的番茄富含更豐富的茄紅素

⬆ 圖 5-2　不凋零蘭花：經過基因改造的蘭花開花期可長達數月

⬆ 圖 5-3　螢光兔：一隻被植入水母基因的螢光兔，牠在特殊光源照射下會發出綠色螢光

 **5-1** **植物組織培養**

　　傳統上培育植物的方法不外乎播種與插枝等方法，但是現在藉由植物的**組織培養**(tissue culture)技術，可使一個細胞發展成為完整植物。利用組織培養可以讓人類大量獲得性狀與遺傳物質一致的植株，保存優良的品種，同時也可搭配基因轉殖技術讓植物出現原本不存在的遺傳特性。

　　欲以組織培養的方法來繁殖植物，首先必須取得培植體，培植體為自植物體上取得的細胞、組織或器官，再將這些培植體置於培養基上，經過一段時間的培養，可由傷口誘生**癒傷組織**(callus)。癒傷組織是指尚未有任何分化型態的細胞團塊，這些細胞團有再生為植株的潛力。將癒傷組織培養在合適的培養基上，可經由器官發生的途徑形成根或芽，再經一連串培育終可長成與原來植株具有相同性狀與遺傳特性的新植株。圖 5-4、5-5 顯示了文心蘭的組織培養流程。

(a)
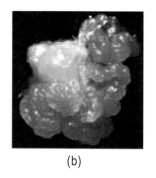
(b)

(c)

⬆ 圖 5-4　文心蘭的(a)根、(b)莖與(c)葉等培植體經誘導後形成癒傷組織

　　目前商業栽培的植物或花卉多以組織培養的方式進行繁殖，採取植物的細胞、組織或器官進行體外培養，進而獲取性狀與遺傳物質一致的植株。此外組織培養的過程中若應用基因轉殖的技術，將可培育出抗蟲、抗病、高產量且更美麗的植物或花卉。

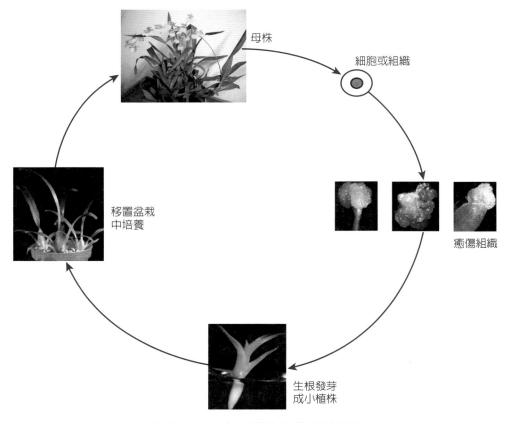

母株

細胞或組織

癒傷組織

移置盆栽
中培養

生根發芽
成小植株

⬆ 圖 5-5　文心蘭的組織培養流程

⬆ 圖 5-6　臺灣素來有蘭花王國美稱，在進行蘭
　　　　花育種的過程中，大量使用了組織培養與基因
　　　　工程的技術，創造出高品質的美麗花卉

 **5-2** 細胞融合

　　細胞融合(cell fusion)技術除可用於生產單株抗體以外，亦可用於植物的品種改良。例如在 1978 年已有科學家將馬鈴薯(potato)和番茄(tomato)的細胞融合在一起，產生一種稱為**馬鈴茄**(pomato)的植物，這種植物地面上部分可以長出番茄，地面下的部分可以長出類似馬鈴薯的塊莖（圖 5-7）。

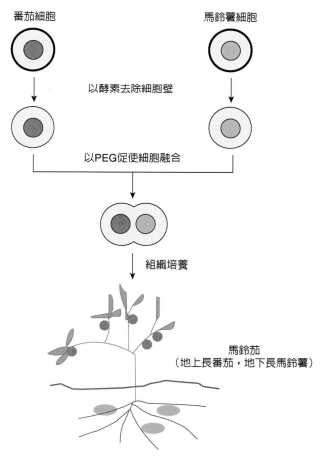

⬆ 圖 5-7　馬鈴茄：將馬鈴薯和番茄的細胞融合在一起而產生的植物

　　細胞融合技術可以將血緣較遠的植物育成雜種細胞，而融合後的雜種細胞可以再生成植物體，得到兼具親代雙方特色的雜種植物。植物與動物的細胞融合過程之不同點在於植物細胞有細胞壁，故須先以分解酵素去掉細胞壁之後，得到不含細胞壁的**原生質體**(protoplast)，再施以電刺激或加入**聚乙二醇**(polyethylene glycol, PEG)等方法促使原生質體融合。融合後的原生質體經培養後會再形成細胞壁，並能在適當的條件下生成癒傷組織，最後培養成植株。

　　藉由原生質體融合產生新品種的植株，已有很多成功的例子，例如有人將兩個同為葉綠素缺乏及對光均敏感的菸草品種之原生質體融合，獲得了含有正常葉綠素且對光不敏感的菸草品種；另外也有人成功的將甘藍及白菜的原生質體融合，培育出兼具有白菜的營養及甘藍的耐寒等特性之白藍菜。此外還有水稻與椑子都已可融合及培養形成雜種細胞，甚至育成雜種植物。

 **5-3　基因轉殖作物**

　　基因工程提供了一個改良農作物特性的新途徑，例如：將抗病蟲基因嵌入，即可使作物具有抗病蟲害的能力，而免於農藥過度使用；將耐寒、耐旱基因嵌入，即可使作物在較寒冷、乾旱的農地上生長；將蛋白質合成基因之序列稍加修改，即可提高蛋白質含量。

　　所以利用基因工程可以增加農作物的生產量、增強農作物對疾病或除草劑的抵抗能力、容許農作物在原本不適合的惡劣環境下生長、強化其營養價值與延長蔬果的保存期限等（如圖 5-8、表 5-1 所示）。

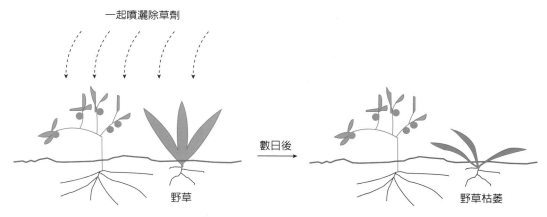

⬆ 圖 5-8　具有抗除草劑基因之轉殖作物能抵抗除草劑之作用

⬇ 表 5-1　利用基因工程改良農作物的目標

目　標	功　能
抵抗疾病	減少作物因蟲害或其他破壞的損失
抵抗除草劑	
抵抗害蟲	
抵抗病毒	
抵抗寒冬	容許作物在原本不適合的惡劣環境下生長
抵抗乾旱	
耐鹽分	
營養價值	增加作物的營養價值
儲存性質	延長生果和蔬菜的保存期
產品吸引力	改良生果和蔬菜的顏色、外型和大小

　　以往需要長時間育種改良才能出現的性狀，現在只要透過基因工程就可以在短時間內改良生物的遺傳特性，尤有甚者，基因轉殖技術更可無中生有，創造出原本不存在於生物體的新性狀。例如我們可將螢火蟲發螢光之基因轉殖到植物體內，將來就可以得到發螢光之基因轉殖植物。

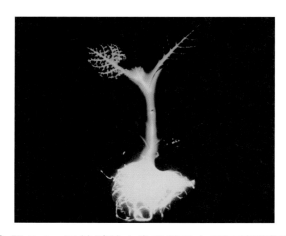

⬆ 圖 5-9　已接受螢火蟲發螢光之基因轉殖菸草

　　製造基因轉殖植物的方法是將外源基因先導入**農桿菌**(*Agrobacterium tumefaciens*)內，再利用農桿菌感染植物，感染過程中外源基因會併入植物的染色體，於是一株帶有所需特性的轉殖基因植物便會形成，並且這株新植物會將外源基因的特性傳遞給下一代(如圖 5-10 所示)。由於農桿菌只能感染雙子葉植物（如玫瑰、蘋果、黃豆、馬鈴薯等），因此需要改良的單子葉農作物（如玉米、水稻和小麥等）就必須利用其他的技術（如顯微注射、基因槍等）將基因導入植物細胞體內。

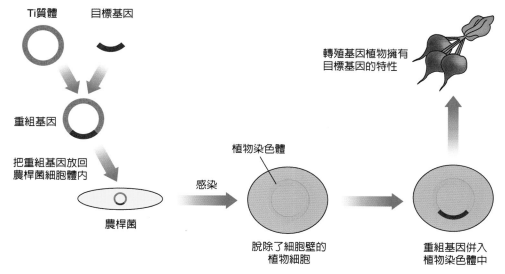

⬆ 圖 5-10　使用農桿菌製造基因轉殖植物的流程

　　Ti 質體(tumor-inducing plasmid)是一種農桿菌中特有的質體，其上有特殊的致病基因，可藉由細菌感染而進入植物細胞，造成植物的腫瘤生成。因此可將外源基因剪接於 Ti 質體上，再將此重組過的 Ti 質體放回農桿菌中，利用農桿菌感染植物細胞，就可將外源基因帶入植物細胞中。

5-4　夢幻般的藍玫瑰

　　在花卉市場中，人們對玫瑰的熱愛始終如一，玫瑰花也被用來作為愛情的象徵，又由於玫瑰的花色繁多，因而衍生出玫瑰花語，比如紅玫瑰代表愛情、黃玫瑰代表溫柔、白玫瑰代表懷念等。只是無論人們如何育種，自古以來始終培育不出藍色的玫瑰花，於是藍玫瑰成為一個遙不可及的夢想，但是現代的生物科技即將協助這個夢想實現。

　　要製造藍玫瑰首先得知道玫瑰花色形成的原因；玫瑰花色的形成主要是由一些色素如**類胡蘿蔔素**(carotenoid)、**矢車菊素**(cyanidin)、**天竺葵色素**(pelargonidin)等，以不同比例混合而成；同時在溫度與 pH 值的影響下，展現出玫瑰多采多姿的花色。可惜的是這些色素都無法顯現出藍色。真正的藍色色素—**飛燕草素**(delphinidin)根本不存在於玫瑰當中，由於色素的形成受到基因的控制，因此傳統上無法經由雜交育種產生藍玫瑰的原因是玫瑰本身就缺乏產生藍色色素（飛燕草素）的基因。

　　所以科學家就想到可以利用基因轉殖的方法把其他植物（如圖 5-11之三色堇）製造飛燕草素的基因轉殖到玫瑰身上，但是後來發現這個做法仍然無法產生藍玫瑰，因為玫瑰原有的色素（例如矢車菊素）會干擾到藍色色素的呈色。後來科學家運用了 RNA 干擾(RNA interference, RNAi)技術使玫瑰原有色素的基因失去功能，終於製造出身上帶有藍色基因的藍玫瑰（圖 5-12），過程如圖 5-13 所示，不過這樣的藍玫瑰顏色仍偏紫，可能原因是 pH 值偏低（偏酸性）的影響，所以目前科學家正設法研究調控 pH 值的基因，藉由改變玫瑰細胞的 pH 值，使天空般的藍顯現在玫瑰上。

⬆ 圖 5-11　可提供製造飛燕草素的藍色基因之植物－三色堇

⬆ 圖 5-12　夢幻般的藍玫瑰

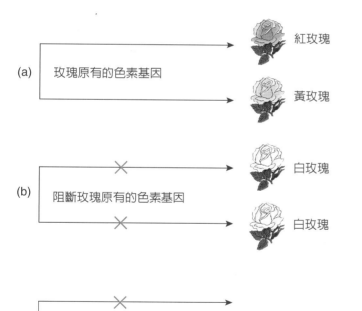

(a)　玫瑰原有的色素基因 → 紅玫瑰、黃玫瑰

(b)　阻斷玫瑰原有的色素基因 → 白玫瑰、白玫瑰

(c)　阻斷玫瑰原有的色素基因、加上三色堇的藍色基因 → 藍玫瑰

◀ 圖 5-13　利用基因工程技術製造藍玫瑰的方法：以 RNA 干擾技術阻斷玫瑰原有色素基因，另以基因轉殖技術加入三色堇的藍色基因

 **5-5** 基因轉殖動物

　　經由基因工程技術，將外源基因殖入，或將特定的基因體序列刪除或更改的動物，均稱基因轉殖動物。基因轉殖動物除可改進家畜生產性能及增強家畜抗病能力以外，並可作為生產人類特定分子的動物工廠與研究人類疾病之用。

⬇ 表 5-2　利用基因工程改良動物的目標

目　標	功　能	細　項
改進生產與抗病能力	生產性能	肉、蛋、奶的產量等
	生殖性能	受精率、懷孕率、產子率等
	健康性能	抗病力、免疫力等
	產品品質	口感、風味、外觀與營養價值等
動物工廠	生產醫療之藥用蛋白質	疫苗、生長因子、凝血因子、抗體等
	生產非醫療用之特定蛋白質	各類酵素、膠原蛋白、胎盤素等
器官移植	異體器官移植	利用基因轉殖動物（如牛、豬）生產特定組織或器官，提供移植醫療之使用
疾病研究	動物模式	提供生物醫學研究疾病（如癌症、巴金森氏症）之動物模式

　　動物的基因轉殖與植物的基因轉殖在技術上的最大差異是：經過基因轉殖的動物受精卵必須在代理孕母的體內發育成長。在此介紹兩種動物基因轉殖的方法：

1.受精卵原核顯微注射法

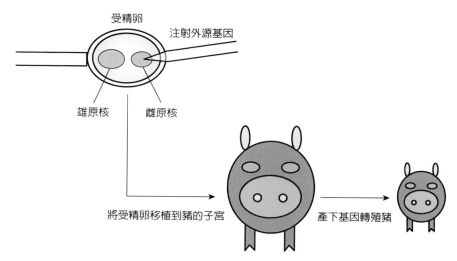

⬆ 圖 5-14　動物基因轉殖的方法－受精卵原核顯微注射法

2.精子載體法

先將外源基因以某些方法（如病毒、電穿孔、脂質體等）送入精子中，得到的基因改造精子再與卵結合為受精卵，在母體內發育為基因轉殖動物。

⬆ 圖 5-15　動物基因轉殖的方法－精子載體法

基因工程技術使人類得到許多新物種，大幅改善人類生活，比如經過基因工程改良的作物更能耐旱、耐病蟲害且產量又多，目前基因改造成功的作物有玉米、大豆、番茄、馬鈴薯、油菜與稻米等。例如科學家

發現有一種**蘇利菌**(*Bacillus thuringiensis*)，其產生的某種蛋白質能有效地殺死害蟲，因此科學家就將這種毒蛋白的基因轉殖到農作物的身上，如此一來就算不灑化學農藥，農作物依然能夠百蟲不侵。又如經過基因工程改良的魚類能發螢光，這種螢光魚已成為熱門觀賞魚（圖5-16）。

⬆ 圖 5-16　經過基因工程改良的螢光魚

　　基因工程讓人們享受了許多科技成果，但也讓人們擔心會不會帶來危害，例如食用**基因改造食品**(genetically modified food, GMF)對人們會不會有害，這個問題科學家大多回答：經過研究後看不出有害。但事實究竟如何，顯然還需要長期而謹慎的研究，所以在西元 2000 年聯合國與會代表簽訂「生物安全議定書」，其目的在保障經過基因工程改造的生物體能夠被安全的運送、處理與使用，並且確保經過基因工程改造的生物體不會對生物多樣性與人類健康有負面影響。

　　以基因改造食品為例，我國衛生福利部規定：若直接使用基因改造食品原料不論含量多寡均應標示「基因改造」、「含基因改造」、「使用基因改造」等字樣，且若非有意攙入基因改造食品原料達 3%也須標示。表 5-3 顯示了衛生福利部曾經審核通過的基因改造食品。

↓ 表 5-3　衛生福利部食品安全檢查的基因改造食品一覽表

國際統一編號	種類	品　名	轉殖品系	申請者	核准日期	有效期限
MON-04 032-6	黃豆	耐嘉磷塞基因改造黃豆	14672	孟山都遠東股份有限公司臺灣分公司	2002.07.22	2022.07.22
MON-00 810-6	玉米	抗蟲基因改造玉米	MON810	孟山都遠東股份有限公司臺灣分公司	2002.10.15	2017.10.15
MON-00 021-9	玉米	耐嘉磷塞基因改造玉米	GA21	臺灣先正達股份有限公司	2008.07.23	2018.07.23
MON-00 603-6	玉米	耐嘉磷塞基因改造玉米	NK603	孟山都遠東股份有限公司臺灣分公司	2003.04.11	2018.04.11
SYN-BT0 11-1	玉米	抗蟲及耐固殺草基因改造玉米	Bt11	臺灣先正達股份有限公司	2004.06.02	2018.06.02
SYN-EV 176-9	玉米	抗蟲及耐固殺草基因改造玉米	Event176	臺灣先正達股份有限公司	2004.06.02	2018.06.02
ACS-ZM 003-2	玉米	抗除草劑固殺草基因改造玉米 Liberty Link	T25	臺灣拜耳股份有限公司	2002.08.16	2022.08.16

⬇ 表 5-3　衛生福利部食品安全檢查的基因改造食品一覽表（續）

國　際統一編號	種類	品　名	轉殖品系	申請者	核准日期	有效期限
DAS-01507-1	玉米	抗蟲及耐固殺草基因改造玉米	TC1507	臺灣杜邦股份有限公司	2003.11.17	2018.11.17
DKB-89614-9	玉米	抗蟲及耐固殺草基因改造玉米	DBT418	孟山都遠東股份有限公司臺灣分公司	2003.10.16	2008.10.16（停產）
DKB-89790-5	玉米	耐固殺草基因改造玉米	DLL25	孟山都遠東股份有限公司臺灣分公司	2003.10.20	2008.10.20（停產）
MON-00863-5	玉米	抗根蟲基因改造玉米	MON863	孟山都遠東股份有限公司臺灣分公司	2003.10.16	2013.10.16
DAS-59122-7	玉米	抗蟲及耐固殺草基因改造玉米	59122	臺灣杜邦股份有限公司	2005.12.21	2010.12.21
MON-88017-3	玉米	抗根蟲及耐嘉磷塞基因改造玉米	MON88017	孟山都遠東股份有限公司臺灣分公司	2006.03.30	2021.03.20

習題 & 討論

一、單選題

( )1. 何種技術可使一個細胞發展成為完整植物？(A)發酵技術　(B)RNA干擾　(C)組織培養　(D)細胞融合

( )2. 番茄含何種物質可以抗癌？(A)果膠　(B)纖維素　(C)維生素A　(D)茄紅素

( )3. 培植體置於培養基上，經過一段時間的培養，可由傷口誘生何種組織？(A)癒傷組織　(B)輸導組織　(C)表皮組織　(D)支持組織

( )4. 何種物質可促使原生質體融合？(A)水　(B)甲烷　(C)鹽　(D)聚乙二醇

( )5. 製造基因轉殖植物的方法是將外源基因先導入何種細菌？(A)蘇利菌　(B)大腸桿菌　(C)農桿菌　(D)酵母菌

( )6. 運用何種技術可使玫瑰原有色素的基因失去功能？(A)發酵技術　(B) RNA干擾　(C)組織培養　(D)細胞融合

( )7. 利用基因工程改良動物的免疫力屬於何種性能的改進？(A)生產性能　(B)生殖性能　(C)健康性能　(D)產品品質

( )8. 將外源基因送入精子中的方法不包括下列何者？(A)紫外線照射　(B)病毒感染　(C)電穿孔　(D)脂質體載送

( )9. 西元2000年聯合國簽訂何種議定書，其目的在保障經過基因工程改造的生物體能夠被安全的運送、處理與使用？(A)哥德堡議定書　(B)巴黎協議　(C)京都議定書　(D)生物安全議定書

（　　）10. 食品當中若非有意攙入基因改造食品原料達多少百分比，須標
示為基因改造食品：(A) 1%　(B) 2%　(C) 3%　(D) 5%

二、問答題

1. 植物與動物的細胞融合過程，不同點在於什麼地方？

2. 利用基因工程改良農作物有哪些目標？

3. 由於全世界糧食短缺的現象日益嚴重，有人認為應全力發展基因改造
生物以解決缺糧危機，你對此種觀點有何看法？

Biotechnology

CHAPTER

6

生物科技在
環保上的應用

6-1　生物感應器

6-2　汙水生物處理法

6-3　吃油細菌與產油細菌

6-4　生物可分解塑膠

6-5　生物農藥

6-6　生質能源

生物科技於環保的應用如下：

1. 環境清潔

對於各種重金屬、毒物以及石油的汙染處理，人類至今仍未有能力加以真正的去除，但是環境中的一些微生物卻具有能夠分解此類特殊分子的能力，於是開發這類的微生物，以生物的方式來進行環境復育，此已成為解決此類課題的一個新方向。

2. 環境檢測

對於環境中有害物質的汙染檢測，可運用單株抗體及生物反應器等產品加以偵測，另外能夠分解特定物質的微生物，也可以作為檢測汙染的一個指標。

3. 環境保護

利用生物科技製造對環境保護有用的產品，例如生物可分解性塑膠袋與生質能源等。

好吃！ 好吃！ 真好吃！

我吃戴奧辛　　我吃石油　　我吃保麗龍

 **6-1** ## 生物感應器

生物感應器(biosensor)是一種利用生物體或生物分子組成的偵測儀器，可用來測量食物的養分、新鮮度與安全性；偵測病人血液中重要成分之濃度；尋找並測量具有爆炸性、毒性、生物危險性物質與其他環境汙染物。

基本的生物感應器包含一個由生物體或生物分子（如細胞、酵素或抗體）組成之偵測裝置，再連接一個微型電能轉換器而成（如圖 6-1 所示）。所欲偵測物質與感應器之生物組成發生反應以後，轉換器會產生一個與偵測物質濃度成比例之電子或光的訊號，並與參考值比較，於是就可直接在生物感應器上讀出待測物之濃度。

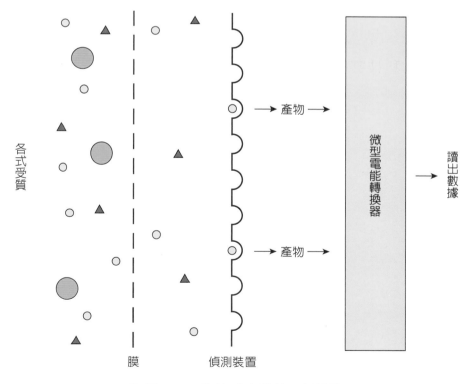

⬆ 圖 6-1　生物感應器的一般構造

　　利用「酵素與受質」或者「抗體與抗原」之專一性作用原理，即使待測物濃度極低，生物感應器亦可偵測到細胞或分子的特異性發生改變。生物感應器不僅可進行微量偵測，更可直接在樣品當地進行檢測，不必採樣回實驗室中，即可化驗及分析，提供了更精密而方便的檢驗。

　　血糖儀為目前最廣泛使用的生物傳感器，數以百萬計的糖尿病患者每天都要測試他們的血糖濃度，大部分的血糖儀應用通過測量血液中的葡萄糖與試紙中的葡萄糖氧化酶反應產生的電流量測量血糖，優點是只要少量的血（5 微升以下）在短時間內（30 秒以內）即可測出血糖濃度。

 **6-2** # 汙水生物處理法

　　家庭或工廠的排放廢水含有許多汙染物質，若未經處理直接流入河川，往往會造成環境汙染的擴大，因此廢水放流至河川前須經過汙水處理廠的處理，汙水處理有 3 種方法：

1. 汙水之物理處理

　　利用汙染物之物理性質（如大小、重量等）來清除汙染物。常見之物理處理單元有攔汙柵、沉砂池、過濾池等。

2. 汙水之化學處理

　　添加化學藥品於汙水中，使汙染物發生化學反應，進而將有害物質轉化為無害物質。常見之化學處理單元有酸鹼中和、氧化還原、化學沉降等。

3. 汙水之生物處理

　　利用微生物的代謝，分解廢水中的有機物（圖 6-2）。有機物會被氧化成二氧化碳、水，餘下的物質會被微生物轉化成汙泥，並於最終沉澱池將汙泥予以清除。

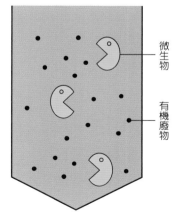

微生物

有機廢物

⬆ 圖 6-2　利用微生物的代謝，分解廢水中的有機物

 **6-3** 吃油細菌與產油細菌

　　環境汙染的一種情況是輪船上的石油外洩而汙染了水面，早期碰到此類汙染事件，往往是靠大量人力在水面上撈油，既不經濟又缺乏效率，如今科學家已發現自然界存在吃油的細菌，可以將油汙分解，所以當環境中發生石油汙染事件時，只要把此類吃油細菌散布於受汙染的環境中，即可用來清理油汙。

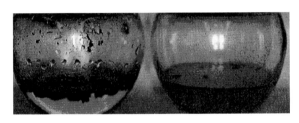

⬆ 圖 6-3　左邊容器原來漂浮一大堆油汙，加入吃油細菌，7 天後，變成右邊容器之狀態，其中油汙幾乎都已清除

　　自然界的微生物除了能夠分解油汙以外，尚有多種的微生物可以分解其他的環境汙染物，例如**戀臭假單胞菌**(*Pseudomonas putida*)可將萬古不化的保麗龍轉變成生物分解性塑膠材料。此外有一種細菌會「吃」有毒的戴奧辛，這些細菌經過大量繁殖後，只要移入受戴奧辛汙染的土壤中，經過一段時間細菌增生到足夠數量，即可「吃」掉戴奧辛，而不必移除整片受汙染的土壤。

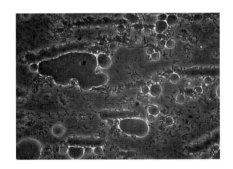

⬆ 圖 6-4　經過基因工程改造之大腸桿菌，可將糖轉換為類似汽油之碳氫化合物

　　在石油日漸枯竭的今日，替代能源的發展實為當務之急，科學家正積極研發產油細菌，例如圖 6-4 顯示經過基因工程改造之大腸桿菌，可將糖轉換為類似汽油之碳氫化合物。

 **6-4** # 生物可分解塑膠

　　傳統的塑膠是從石油中提煉出來，雖然帶來生活上的方便，但是卻萬古不化，製造了許多環保的問題。現在科學家已能從植物提煉出塑膠，這種塑膠主要的材料是澱粉、聚乳酸及纖維蛋白質，具有**生物可分解(biodegradation)**的性質，這種塑膠有一定的壽命，最後會被微生物分解成二氧化碳與水，所以不會造成環境的汙染。

　　生物可分解塑膠的做法是從植物（如玉米、馬鈴薯等）萃取澱粉，加入微生物使澱粉液發酵，發酵過程中微生物體內會累積聚合物，將微生物之細胞壁打碎，萃取出聚合物，這些聚合物就可用來製造塑膠。這種生物可分解塑膠廢棄不用時，可利用堆肥的方式處理，分解後的產物是二氧化碳與水，可被植物再次吸收與利用而回歸大自然，因此生物可分解塑膠又有綠色塑膠之稱。我們以圖 6-5 來表示生物可分解塑膠在大自然的循環過程。

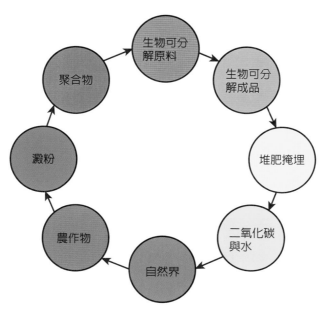

⬆ 圖 6-5　生物可分解塑膠在大自然的循環過程

6-5　生物農藥

　　早期化學農藥剛出現時，人們以為這是提高農產量的好方法，沒想到化學農藥除了殺死害蟲以外，對人類與環境也有危害，於是當我們在享受蔬果的同時也不禁會想到這蔬果上面有無農藥的殘留，大家都得到了「農藥恐懼症」。如今科學家開發出生物農藥，可以在不灑化學農藥的狀況下，讓植物百蟲不侵。這麼一來人們就可以免於對農藥的恐懼，同時也保護了自然的環境。

　　生物性農藥(biopesticides)又稱為**生物性植物保護劑**(biological plant protection agent)，係指天然物質如動物、植物、微生物及其所衍生的保護植物產品，包括「天然素材農藥」、「微生物農藥」、「生化農藥」與基因工程技術產製的微生物農藥。根據美國環境保護署的定義，生物性農藥具有無毒性的作用機制，只對目標性的病、蟲、草等有害生物有作用，以及在環境中能被生物所生產。

　　目前市售的生物性植物保護劑有一半以上屬於蘇利菌的衍生商品。蘇利菌（圖 6-6）是革蘭氏陽性桿狀細菌，在芽孢過程中會產生結晶毒蛋白（圖 6-7），具有殺蟲的效果，其殺死昆蟲的方式主要是讓昆蟲的幼蟲吃下蘇利菌的結晶蛋白時，毒素晶體在昆蟲腸道中被分解活化成毒素。但是人類一但誤食蘇利菌毒蛋白，會被胃酸所分解，所以對人體無害。而且此種毒蛋白也會在自然環境下分解，不像化學農藥有殘留而無法分解的問題。

　　自從 1938 年法國出現第一種蘇利菌產品到現在，全世界已有超過100 種的蘇利菌產品，可說是市售生物性植物保護劑的主流。目前使用蘇利菌來殺死害蟲有兩種方式：一種是直接噴灑蘇利菌或其毒蛋白於作物身上；另一種則是使用基因轉殖的技術，將蘇利菌的毒蛋白基因轉殖到作物體內，如此一來所得到的基因轉殖作物將百蟲不侵。

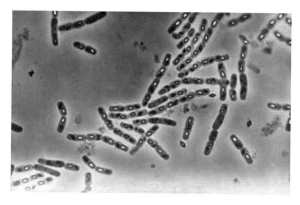

⬆ 圖 6-6　常被用於生物性植物保護劑的微生物－蘇利菌

⬆ 圖 6-7　電子顯微鏡下的蘇利菌結晶蛋白呈現菱形

　　生物性農藥取之於大自然，對人無害，只殺死害蟲，於環境中可自然分解，這些特色正符合自然、安全、永續農業的世界潮流。目前全世界的生物性農藥使用量日漸增加，等到有一天生物性農藥全面取代化學性農藥之時，人們再也不用擔心農藥的汙染了。

6-6 生質能源

在石油、煤礦等能源日漸枯竭的今日,世界各國都全力開發太陽能、風力發電、潮汐發電等各種新能源,其中引人注目的一種新能源是**生質能源**(biomass)。

生質能源就是利用生物產生的有機物質經轉換所獲得的可用能源。目前科學家已能從各種動植物產生的有機物質將之轉換為酒精、柴油、瓦斯與氫氣等能源。這些生質能源的共同特色是使用後幾乎不會汙染環境,所以是一種極乾淨的能源,只是因為成本的問題,目前還無法全面取代原來的化石燃料。

1. 生物酒精

生物酒精的原料是甘蔗、玉米、馬鈴薯等富含澱粉作物,首先將澱粉發酵,進而提煉出酒精,再轉為燃料或燃料添加物使用,可有效降低車輛對汽油的依賴,例如南美洲的巴西是全世界著名的甘蔗產區,他們充分利用甘蔗這個作物來提煉酒精(圖 6-8)。

→ 提煉酒精

⬆ 圖 6-8　由甘蔗可提煉酒精

2. 生物柴油

　　生物柴油的原料是油菜、大豆、向日葵等植物種子的油或某些藻類的油脂，甚至是廢棄食用油也可拿來製造生物柴油。上述油脂要先加入甲醇（或乙醇）進行轉酯化反應，可產生脂肪酸甲酯（或脂肪酸乙酯）及甘油等產物；經分離甘油後，以蒸餾去除未反應完全的油脂，就得到與一般柴油品質相當的液態燃料，稱為生物柴油。相較於一般柴油，生物柴油可大量減少汙染物的排放，目前德國就已經有為數可觀的車輛在使用生物柴油。

→ 提煉生物柴油

⬆ 圖 6-9　由向日葵可提煉柴油

3. 生物燃氣

　　生物燃氣是指將糞便、廚餘或其他有機物發酵所得到的可燃氣體，在缺氧狀態下，由厭氧菌把有機物分解，產生甲烷等生物燃氣，稱之為厭氧發酵。我們再將這些生物燃氣直接燃燒以產生熱能，或者用於發電機的燃料來發電。

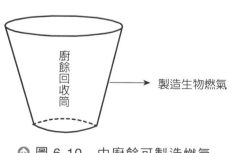

廚餘回收筒　→ 製造生物燃氣

⬆ 圖 6-10　由廚餘可製造燃氣

4. 氫　氣

氫氧燃料電池是電池的一種，使用的燃料是氫氣與氧氣，利用存放於電池中的氫氣，加上空氣中的氧氣，產生電力，副產品只有水，除此之外，沒有其他汙染排放物，因此它是一種零汙染的清淨電力能源，其中氫氣可利用藻類來製造，因為某些藻類在代謝過程可以排放出氫氣（圖6-11）。

→ 製造氫氣

⬆ 圖 6-11　由藻類可製造氫氣

從作物提煉生質能源固然是發展新能源的一個方向，但目前已發現後遺症，當原本食用的作物被拿來作為生質能源，於是糧食價格日漸高漲，有些地區甚至引發缺糧危機，因此如何發展生質能源的同時又不會造成糧食短缺，是科學家今後所要努力的方向。

⬆ 圖 6-12　臺北市推出使用生質柴油的彩繪公車，達到環保與宣導的功效

====== 習題 & 討論 ======

一、單選題

（　）1.　以微生物清除環境中石油汙染屬於何種應用？(A)環境清潔
　　　　　(B)環境檢測　(C)環境調查　(D)環境評估

（　）2.　利用生物體或生物分子組成的偵測儀器稱為：(A)生質能源　(B)
　　　　　生物農藥　(C)生物感應器　(D)核磁共振儀

（　）3.　以下哪種反應具專一性？(A)酵素反應　(B)氧化反應　(C)還原
　　　　　反應　(D)酸鹼中和反應

（　）4.　哪項措施屬於汙水之化學處理？(A)沉砂池　(B)酸鹼中和　(C)
　　　　　攔汙柵　(D)過濾池

（　）5.　哪種微生物可將萬古不化的保麗龍轉變成生物分解性塑膠材
　　　　　料？(A)戀臭假單胞菌　(B)蘇利菌　(C)農桿菌　(D)酵母菌

（　）6.　哪種微生物可當成生物農藥？A)戀臭假單胞菌　(B)蘇利菌
　　　　　(C)農桿菌　(D)酵母菌

（　）7.　將糞便、廚餘或其他有機物發酵所得到的可燃氣體稱為：(A)
　　　　　氨氣　(B)生物燃氣　(C)二氧化碳　(D)氫氣

（　）8.　巴西利用甘蔗提煉何種生質能源？(A)生物燃氣　(B)生物柴油
　　　　　(C)生物酒精　(D)氫氣

（　）9.　生物可分解塑膠廢棄不用時，可利用堆肥的方式處理，分解後
　　　　　的產物除了水還包括何種物質？(A)二氧化碳　(B)一氧化碳
　　　　　(C)氫氣　(D)氮氣

（　　）10. 氫氧燃料電池副產品只有何種物質？(A)二氧化碳　(B)一氧化碳　(C)水　(D)氮氣

二、問答題

1. 生物感應器有何功能？

2. 生物可分解塑膠的做法為何？

3. 生物性農藥與化學農藥有何不同？

4. 臺灣適不適合發展生質能源？請提出你的看法。

CHAPTER

7

Biotechnology

生物科技的
其他應用

7-1　奈米生物科技

7-2　仿生學

7-3　生物資訊

7-4　生物複製

7-5　生物晶片

7-6　生物鋼

7-1　奈米生物科技

　　蓮花出淤泥而不染，自古為文人雅士所稱頌，但是直到現代才瞭解這是因為蓮花表面有奈米結構，所以髒汙無法附著在蓮花表面（圖 7-1）。

⤊ 圖 7-1　蓮葉表面有許多微小的含臘纖毛，這些纖毛的長度約 100 奈米，因為有這些奈米纖毛的存在，使得水無法附著其上，而且會形成一顆顆圓滾滾的水珠滑下

　　除了蓮花以外，大自然當中還有許多生物皆因為擁有奈米結構，才能發揮其特殊的功能，例如：昆蟲的複眼使昆蟲具有良好的視野寬度與辨識能力（圖 7-2）；蝴蝶翅膀五彩繽紛，顏色會隨觀看角度而改變（圖 7-3）；壁虎的腳掌能輕易吸附於牆上（圖 7-4）；這些現象都是因為這些生物擁有奈米結構之故。

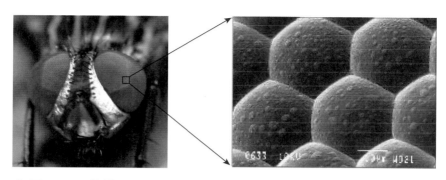

⬆ 圖 7-2　蒼蠅的複眼：由 3,000 多個小眼組成，每個小眼的表面並非光滑，而是密布許多奈米級的小突起，這些奈米結構使蒼蠅能感受到微弱的光線，並具有良好的視野寬度

⬆ 圖 7-3　閃蝶蝶翼存在樹枝狀奈米結構，當不同方向的光照到這些奈米結構時，會反射出不同的色光，而顯現出不同的色彩

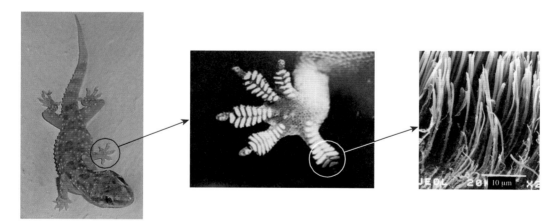

⬆ 圖 7-4　壁虎的腳掌擁有許多奈米層級的剛毛，當腳掌上數百萬根剛毛一起與牆壁產生交互作用，整體的吸附力就非常驚人

　　奈米(nanometer, nm)是一種極微小的長度單位。1 公分大小的物體肉眼清晰可見，1 毫米大小的物體尚可得見，但是僅憑肉眼想看清楚 1 奈米大小的物體是不可能的事。因為 1 奈米就相當於 10 億分之一公尺，1 奈米大小的物體近於原子與分子的尺度之間，比細菌或病毒還要小。

　　具有奈米結構的材料其物理和化學性質會有相當的改變，例如導熱性、導電性、強度、韌性與電磁性等性質將會不同於原來的材料。奈米科技是一種將物質微小化至奈米層次而加以運用的科技，其涵蓋的範圍甚廣，從基礎科學橫跨至應用科學，包括物理、化學、光電、材料、醫藥與生物等。將奈米科技運用到生物醫學上即是所謂**奈米生物科技** (nanobiotechnology)，奈米生技包含了組織工程、醫藥工程、分子機械等領域。

　　奈米技術在組織工程的應用主要是在人造骨骼與細胞生長支架兩個部分，因為以奈米材料合成的人造骨骼其耐壓性、耐震性、強度、韌性都較以往為佳，可做為骨頭移植之替代品。而以奈米材料製成的細胞生長支架，其奈米化的表面提供細胞附著與生長的環境，有益於細胞的分化與組織的形成。

　　奈米技術在醫藥工程的應用主要是開發合適的藥劑載具，以奈米顆粒包覆藥物在人體中傳遞，由於奈米顆粒極其微小，可以輕易地通過生物性屏障，例如皮膚、腸胃與血管，進而將藥物送達患部。例如已有科學家研發出帶有輻射的奈米金粒，將之送達患者的癌細胞部位，可減緩癌細胞的生長。

　　奈米技術在分子機械的應用是開發出奈米尺寸的機械，並用於生物醫學。例如科學家正研究人造紅血球與白血球，計畫用約 1 微米（＝1,000 奈米）大小的圓形奈米機械裝置，取代紅血球細胞輸送氧氣的功能與白血球消滅病原體的功能。奈米技術發展無可限量，許多科幻電影的場景都可能在未來一一實現，例如生病時只要派出奈米機器人進入人

體，就能協助免疫系統幫忙消滅入侵的病原體，或者擔任修復人類受損組織的角色。

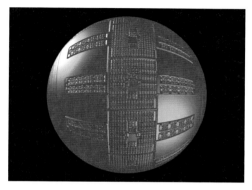 

⬆ 圖 7-5　左圖為人造紅血球的想像圖，右圖為人造白血球的想像圖，兩者都屬於奈米機械裝置，用來取代紅血球細胞輸送氧氣的功能與白血球消滅病原體的功能

7-2 　仿生學

　　人類科技發展的歷程中，有時碰到進展的瓶頸，往往要師法大自然，向自然界取得靈感，如今人們才體認到原來大自然蘊含有無止盡的科技原理，留待人們逐一去探索，因為這個緣故近來興起了「**仿生學**」(biomimetics; bionics)。所謂「仿生」，顧名思義就是向生物學習、模仿或取得啟示，仿造各種生物的優點，用在人類科技的創造或改進。

　　以下我們將介紹仿生科技的各種實例：

1. 向蓮花學習而發展出來的不沾汙產品

　　蓮花（圖 7-6）出淤泥而不染，這是因為蓮花表面密布著奈米纖毛，所以髒汙無法附著在蓮花表面。利用這個原理，目前已開發出多種不沾汙的產品如奈米馬桶、奈米玻璃與奈米塗料等，這些產品除了帶給人們便利以外，更可節省原本要用於刷洗的水資源。

⬆ 圖 7-6　仿生的對象－蓮花

2.向鯊魚學習而發展出來的鯊魚泳衣

　　鯊魚能在水中快速游動，其中一項重要原因是鯊魚皮膚的特殊結構使然。有廠商從這現象得到靈感，研發出功能類似鯊魚皮的泳衣，這種鯊魚泳衣是由某種高分子人造纖維製成，重量極輕且讓身體更為流線（圖 7-7），在設計上參考了鯊魚的皮膚組織及其在水中的動作發展而成，泳衣以超音波熔接技術接合，沒有縫線，能夠減低水中阻力，增加游泳的速度。

⬆ 圖 7-7　向鯊魚學習而發展出來的鯊魚泳衣

3.向壁虎學習而發展出來的超黏膠帶

　　壁虎的腳掌（圖 7-8）擁有許多奈米層級的剛毛，因而產生非常驚人的吸附力。已有科學家利用這個原理研發出超強黏性的膠帶，任何人只要掌心貼上這種膠帶，就可如同壁虎般貼在牆壁上而不會掉下來。

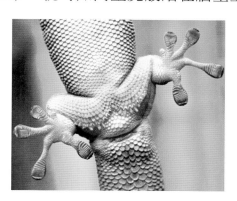

⬆ 圖 7-8　仿生的對象－壁虎

4. 向蝙蝠學習而發展出來的超音波回聲定位系統

　　蝙蝠（圖 7-9）雖然視力不良，但在黑夜中依然是捕捉昆蟲等獵物的高手，這是因為蝙蝠能發出超音波，當超音波遇到障礙物反射回來為蝙蝠接收後，蝙蝠就能判別障礙物的形狀與位置。利用這個原理，人們發展了超音波回聲定位系統。

⬆ 圖 7-9　仿生的對象－蝙蝠

5. 向蒼蠅學習而發展出來的微透鏡陣列

　　蒼蠅的複眼由 3 千多個小眼組成，這些小眼既能獨立運作，又能協調一致，使蒼蠅能從不同的方位感受影像（圖 7-10）。科學家由蒼蠅複眼的特殊構造和功能得到啟發，研製蠅眼透鏡，也就是把微透鏡陣列安裝於照相機上，一次就能拍出幾百張甚至於上千張不相同的照片來。

⬆ 圖 7-10　仿生的對象－蒼蠅

6. 向箱魚學習而發展出來的仿生概念車

　　德國朋馳汽車公司研究箱魚（圖7-11(a)）的流體力學模型，發現其魚皮由許多六角形之骨片所組成，以最輕之重量提供了最大的強度，使其免於受傷。朋馳研究人員根據箱魚骨骼形成之原則（圖7-11(b)），開發了仿生概念車（圖7-11(c)）。與傳統車輛相比，仿生車可減輕三分之一之重量，但仍具有相同的剛性與安全性。

(a)

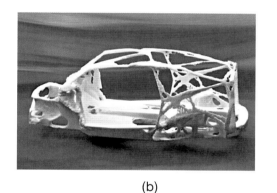

(b)

(c)

⬆ 圖 7-11　向箱魚學習而發展出來的仿生概念車

 **7-3　生物資訊**

　　自從細胞培養、基因重組等技術建立以來，生物科技快速發展，所累積的大量知識已非單靠人力就可處理，所幸這段期間資訊科技也進步神速，依賴電腦強大的計算能力與網際網路的傳輸，使得人們得以處理與交流這些龐大的生物資訊。所謂**生物資訊學**(bioinformatics)指的就是應用電腦工具擷取、貯存、分析所有的生物數據。

　　生物資訊學涵蓋了資料庫的建立與整合、序列的比對與分析、基因體全序列的定序與基因體地圖建構、蛋白質結構和功能的分析與預測、分子模型的建立與新藥的設計、演化樹的建立等領域。

　　以生物資料庫的建立與整合而言，很多國家的相關單位已建立了具規模的生物資料庫，並將資料庫、搜尋引擎與分析軟體等三者整合在一起，提供研究者上網檢索與利用。

1. 全球知名生物資料庫列舉

(1) NCBI 資料庫（網址 http://www.ncbi.nlm.nih. gov/）

NCBI 資料庫成立於 1988 年，由美國國家衛生院(National Institutes of Health, NIH) 的生物技術資訊中心(National Center for Biotechnology Information, NCBI)負責管理。NCBI 的服務項目包含基因序列的註冊、搜尋、比對，以及整合性資料庫搜尋系統 Entrez，除此之外尚有蛋白質結構的檢索服務。

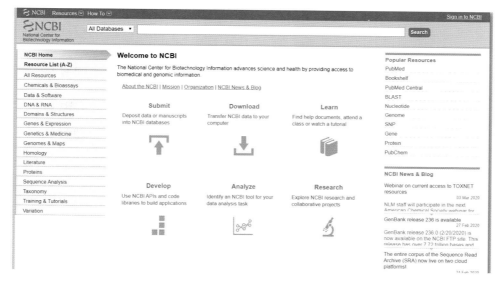

⬆ 圖 7-12　NCBI 資料庫網頁

(2) EMBL 資料庫（網址 http://www.embl.de/）

歐洲分子生物實驗室(European Molecular Biology Laboratory, EMBL)成立於 1974 年，其總部位於德國海德堡，所設立的資料庫由 10 多個歐洲國家共同維護管理，提供基因體的分析比對、序列的分析比對以及三度空間的分子模型建立。另可線上檢索分子生物的資料，及 FTP、Gopher 的網路服務。

Founded in 1974, EMBL is Europe's flagship laboratory for the life sciences – an intergovernmental organisation with more than 80 independent research groups covering the spectrum of molecular biology. It operates across six sites: Heidelberg, Barcelona, Hamburg, Grenoble, Rome and EMBL-EBI Hinxton.

⬆ 圖 7-13　EMBL 資料庫網頁

(3) PDB 資料庫（網址 http://www.rcsb.org/pdb/home/home.do）

蛋白質資料銀行(Protein Data Bank, PDB)是由美國 RCSB(Research Collaboratory for Structural Bioinformatics)所維持的蛋白質資料庫。蛋白質資料銀行蒐集了全世界解出來的蛋白質和 DNA 的三度空間立體結構，以及理論計算的模型結構。這個資料庫是全球最重要的蛋白質結構資料來源。主要的資訊包含原子的空間坐標、蛋白質的結構，以及引用的文獻出處。

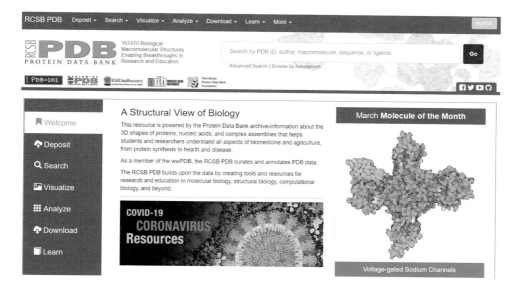

⤊ 圖 7-14　PDB 資料庫網頁

2. 我國生物資料庫列舉

除了上述國際間重要的生物資料庫以外，由於生物科技是我國近年來大力發展的重點科技，因此政府也設立一些生物資料庫提供研究人員利用，例如：

(1) 國網生科雲（網址 https://lions.nchc.org.tw/）

國網生科雲是由國家高速網路與計算中心(National Center for High-Performance Computing)所設置。 提供大尺度之基因體分析計算，全基因體之間比對、關聯性分析，找尋生物標記、特定影像樣式，提供遺傳背景，以找尋疾病成因，解碼生命藍圖，以探究生命科學之奧秘。另可建立與疾病相關之生物標記與人工智慧辨識模型，提供農業、精準醫療檢測產品應用，讓自動化農業、醫學臨床分析流程等大規模資料，透過雲端分析平臺服務，紓解大量常規性檢測分析需求。

⬆ 圖 7-15　國網生科雲網頁

(2) 臺灣生物多樣性資訊網（網址 http://taibif.org.tw/zh/）

臺灣生物多樣性資訊網為中央研究院生物多樣性研究中心負責管理，網站提供臺灣地區生物多樣性之相關資訊，包含物種名錄、專家名錄、物種基本解說、圖片、特有種、外來入侵種、台灣陸域與海域生物分布、生物多樣性文獻資料、地理資訊、環境資訊，及相關機構、團體、計畫、景點、生物資料庫及出版物等各類資料。

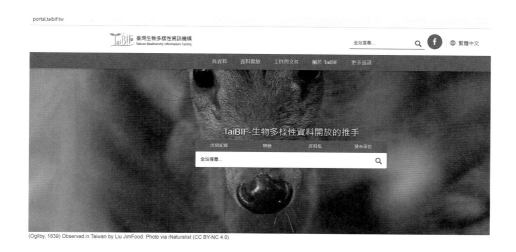

(Ogilby, 1839) Observed in Taiwan by Liu JimFood. Photo via iNaturalist (CC BY-NC 4.0)

⬆ 圖 7-16 台灣生物多樣性資訊網網頁

7-4　生物複製

　　生物的**複製**(clone)指的是製造出基因組成完全相同的另一個生物體，按照這樣的定義，許多生物就具有複製的能力，例如蚯蚓如果被切成兩段就會各長出失去的部分，而成為兩條具相同基因組成的蚯蚓，不過高等哺乳動物缺乏這種再生生殖的本領。

　　有性生殖原是高等哺乳動物傳宗接代的方法，隨著生物科技的進步，科學家在西元 1996 年首次利用無性生殖製造了全世界第一隻複製羊「桃莉」(Dolly)（圖 7-17），這是人類史上第一次以體細胞複製哺乳類動物，使得複製人變成可能發生的事，引起全球莫大震驚。

↑ 圖 7-17　西元 1996 年誕生全世界第一隻無性複製動物－複製羊桃莉

　　複製羊的過程（如圖 7-18 所示）是先從一隻白臉母羊取出乳房細胞，將細胞核取出；再從一隻 A 黑臉母羊取出卵細胞，去除細胞核，然後將白臉母羊細胞核植入 A 黑臉母羊已去核之卵細胞，核植入後的細胞以電擊刺激使細胞活化，促使細胞分裂成胚胎，最後將培育的胚胎細胞放入另一隻 B 黑臉母羊體內（代理孕母），讓其懷孕，生下的小羊就是

桃莉了。換言之，複製羊「桃莉」有 3 個媽媽，但沒有爸爸，由於遺傳物質 DNA 儲存在細胞核中，因此桃莉的基因組成與提供細胞核的白臉母羊一樣，當然也就長得像白臉母羊了。

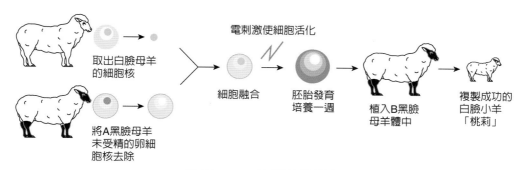

電刺激使細胞活化

取出白臉母羊
的細胞核

細胞融合

胚胎發育
培養一週

植入B黑臉
母羊體中

複製成功的
白臉小羊
「桃莉」

將A黑臉母羊
未受精的卵細
胞核去除

⊕ 圖 7-18　複製羊的過程

　　複製羊的過程中桃莉有 3 個媽媽，一個是提供細胞核的媽媽，一個是提供卵細胞（缺細胞核）的媽媽，還有一個是出借子宮的媽媽，其中出借子宮的媽媽稱為代理孕母。在人工生殖技術上，代理孕母已是一個實際可行的方法，只是這個方法同樣也引起很多倫理與道德的爭議，例如國外曾有一個實例，有個媽媽擔任她女兒的代理孕母，如此產生的小孩該叫這位代理孕母是媽媽還是外婆呢？

⊕ 圖 7-19　我國第一例複製羊的誕生：是
以成年的阿爾拜因乳羊的耳朵細胞作為供
核源，進行乳羊的複製，代孕母羊於民國
91 年成功分娩，產下雙胎複製羊

　　如果將這套複製技術用於人類身上，那麼複製人的過程就不再需要男性的精子，如此一來將打破經由交配的有性生殖定律，只要將自己身上的體細胞核植入卵（卵細胞核已事先被移除），再把此胚胎細胞放進某人子宮，就可單性生育下一代。只是這種做法具極大爭議性，所以目前複製生物實驗僅限於人以外的其他生物，諸如複製牛、複製豬、複製貓一一誕生。目前複製技術多朝向器官的複製發展，避免產生道德爭議。

⬆ 圖 7-20　世界上第一隻無性複製貓 Cc 在 2001 年誕生，本圖為 Cc(copy cat)小貓與牠的代理孕母的照片

　　生物複製技術的一項優點是可用來保存生物的優良品種，甚至可讓已經滅絕的生物再度重生。例如猛瑪象是迄今為止人們所知道的地球上最大的象，牠生活在距今 3 百萬年至 1 萬年前的冰河時期，由於身披長毛，使牠能夠抗禦嚴寒。猛瑪象距今 1 萬年時突然全部滅絕，但現在藉著生物複製技術可能讓猛瑪象復活。

　　複製猛瑪象的作法是必須先找到猛瑪象完整的基因，目前已有科學家努力探勘西伯利亞的廣大冰原，試圖找到冰封萬年的猛瑪象遺體，倘若真能得到猛瑪象完整的細胞核，就可將其細胞核植入已先去核的現代象的卵，利用電刺激使細胞活化，形成胚胎後，再植入另一隻象的子宮，最後產下的小象就是複製成功的猛瑪象，整個複製過程如圖 7-21 所示。

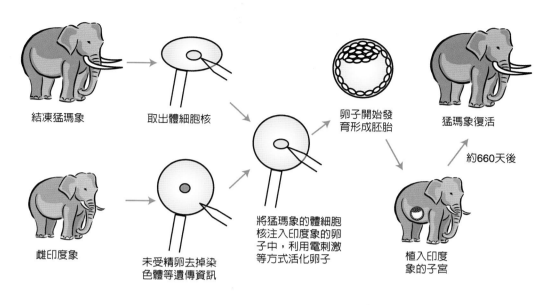

結凍猛瑪象　　取出體細胞核

雌印度象

未受精卵去掉染色體等遺傳資訊

將猛瑪象的體細胞核注入印度象的卵子中，利用電刺激等方式活化卵子

卵子開始發育形成胚胎

植入印度象的子宮

約660天後

猛瑪象復活

⊕ 圖 7-21　複製猛瑪象的過程

　　生物科技在複製技術上的突破使得我們可以複製出基因型一模一樣的牛、羊等高等哺乳動物，於是產生複製人的爭議，贊成者認同理由之一是複製人可以協助不孕的夫妻傳宗接代，反對者認為人類沒有權利扮演上帝的角色，世界各國的立場傾向複製人的負面問題太多，於是紛紛立法禁止複製人的研究。

7-5 生物晶片

　　生物晶片(biochip)泛指使用微機電技術製成微小化裝置，來進行生物性反應或分析。它可以用來大量的篩檢藥物、檢測病原體、處理如血液等生物樣品、進行生化或酵素反應與分析生物體組成等。應用範圍相當廣泛，具有微小化、速度快、平行處理、看到全面等特性。

　　生物晶片運用微點陣技術，將生物分子（如 DNA、RNA、蛋白質、醣類等）樣本縮小在玻片尺寸的「晶片」上（圖 7-22），便可以同時偵測成千上萬種不同的基因、蛋白質或其他分子。

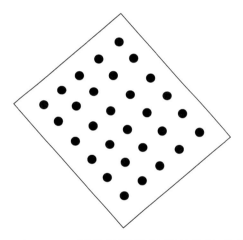

⬆ 圖 7-22　運用微點陣技術的生物晶片

　　以下我們特別介紹兩種常見的生物晶片，分別是基因晶片與蛋白質晶片：

1.基因晶片(Gene chip)

　　基因晶片是指以共軛互補的核酸為探針，整齊的排列在晶片上，用以和具有互補序列的核酸片段產生雜交結合，藉此進行樣品檢驗（如圖 7-23 所示）。一片小小的生物晶片上，可以布放數萬個基因片段，同時

測試數萬個基因的表現。換句話說，過去研究者必須針對每個基因個別研究，如今藉助生物晶片，可以同時得知數萬個基因的測試結果。

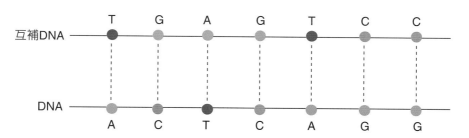

⬆ 圖 7-23　互補的 DNA 片段藉由氫鍵結合在一起，此種專一性結合為基因晶片偵測特殊基因的作用原理

　　在此我們舉出一個例子說明基因晶片的重要性。以往醫療的過程中，常需培養病人的檢體，以瞭解病人遭受哪種病原體的感染，但是傳統的檢體培養大多要 7~10 天，如果病人得的是急症，無疑此種檢體培養相對而言緩不濟急，無法立即幫助醫生對症下藥。如今有了基因晶片之後，可以將多種病原體的基因放置在晶片上，藉由此種晶片對檢體的全面檢驗，只要數分鐘或數小時即可鑑別感染來源，大大提高病人治癒的機會。目前市面上已有腸病毒檢驗晶片、發燒病原檢驗晶片等商品。

2. 蛋白質晶片(Protein chip)

　　以蛋白質為生物探針，整齊的排列在晶片上，進行抗原－抗體免疫反應，用以檢測蛋白質的功能與種類。藉由蛋白質晶片快速而全面瞭解蛋白質，可以找出與疾病相關的蛋白質、分析過敏原、加速新藥開發等。

⬆ 圖 7-24　蛋白質晶片的抗原－抗體免疫反應

　　人類的基因序列分析出來後，解開基因管控蛋白質的祕密，便成為生物醫學的下一個挑戰。蛋白質是所有細胞的基本構成物質，不管作為催化觸媒或者訊號分子，在疾病發生的過程中都扮演了重要的角色。蛋白質體分析的任務就是要找出在病態組織或器官裡，成千上萬的蛋白質中一小部分已經改變了的蛋白質分子，它們是造成發病的罪魁禍首，而蛋白質晶片就可以對這些「錯誤」的蛋白質進行偵測。

　　在可以預見的未來，每個人身上可能都帶著一張記錄分析自己 DNA 的生物晶片，裡頭不僅看得出身體的健康情況，甚至可以預知將來可能罹患哪些疾病。它將有如身分證，找工作、買保險、找對象、結婚都得用到它。只是在檢驗技術領先醫療技術的情況下，檢驗出來有哪些病，無奈的是未必有方法可以治療。

7-6　生物鋼

　　蜘蛛在一般人的眼裡神祕而可怕，這可能是因為牠的外觀令人生畏，而且牠在生物圈中擔任獵捕者角色，只要有昆蟲不小心陷入牠的網裡，越是掙扎，結果纏得越緊，於是在同情心的影響下，人類就不會對蜘蛛投以關愛的眼神。但是隨著生物科技的發展，科學家發現蜘蛛絲在生活的應用層面甚廣，因此對蜘蛛是越來越重視了。

　　蜘蛛絲由絲蛋白組成，具有光澤又柔軟有彈性，其優點還有耐低溫，同時它又是天然產物，是生物可分解與再生的材料，其中最特別的是其強度超高，為鋼的 5~10 倍，科學家估算一根直徑 1 公分的蜘蛛絲可以拉住一架正在飛行的 747 客機，因此蜘蛛絲又有**生物鋼**(biosteel)之稱（圖7-25）。

⬆ 圖 7-25　蜘蛛絲有生物鋼之稱

　　集眾多優良特性於一身的蜘蛛絲應用甚廣。在醫療方面，可作為人工韌帶、人工器官、手術縫合線等用途；在航太方面，可作為結構材料與複合材料；在建築方面，可作為建築物或橋梁等的結構材料；在農業方面，可作為撈捕網具；在軍事方面，可作為防彈衣、坦克裝甲等。

　　蜘蛛絲雖然是一種用途極廣的纖維，但是如果不能大規模量產，就會限制它的應用。所幸科學家已能藉由生物科技方法使蜘蛛絲蛋白大量生產，其方法是將製造蜘蛛絲蛋白的基因轉殖到山羊、細菌或者植物體內，這些生物就會製造出蜘蛛絲蛋白，提供進一步紡紗之用。目前已有廠商嘗試將蜘蛛絲蛋白的基因移植到山羊體內，使得山羊產出含有絲蛋白的羊奶。

⬆ 圖 7-26　科學家正研究將黑寡婦蜘蛛絲的基因轉殖到其他生物身上，例如細菌、植物或動物，利用這些生物大量製造出蜘蛛絲，進一步發展出極輕的身體護甲、特殊運動服裝或應用在醫療設備上

================================= 習題 & 討論 =================================

一、單選題

（　）1. 奈米科技的蓮花效應指的是下列何者？(A)不沾汙　(B)速度快　(C)超強硬度　(D)超強黏性

（　）2. 1奈米相當於幾公尺？(A) 10^{-8}　(B) 10^{-9}　(C) 10^{-10}　(D) 10^{-11}

（　）3. 1奈米大小的物體尺寸近於下列何者？(A)電子與原子的尺度之間　(B)分子與病毒的尺度之間　(C)病毒與細菌的尺度之間　(D)原子與分子的尺度之間

（　）4. 紅血球適合何種尺度描述？(A)毫米　(B)微米　(C)奈米　(D)釐米

（　）5. 由歐洲分子生物實驗室負責管理的資料庫是哪一個？(A) EMBL資料庫　(B) NCBI資料庫　(C) PDB資料庫　(D)臺灣生物多樣性資訊網

（　）6. 何種學問指的就是應用電腦工具擷取、貯存、分析所有的生物數據？(A)環境工程學　(B)生態學　(C)生物資訊學　(D)基因工程

（　）7. 複製羊的過程是先從A羊取出細胞核，再從B羊取出卵細胞，然後將A羊細胞核植入B羊已去核之卵細胞，再以電刺激使分裂成胚胎，最後將胚胎放入另一隻C羊體內，生下的小羊就是桃莉。所以代理孕母是誰？(A) A羊　(B) B羊　(C) C羊　(D)以上皆非

（　）8. 蛋白質晶片藉由何種反應以檢測蛋白質的功能與種類？(A)鹼基配對　(B)薑黃反應　(C)免疫反應　(D)氧化反應

（　　）9. 關於蜘蛛絲的特性敘述錯誤者為下列何者？(A)具生物可分解性　(B)具有光澤　(C)柔軟有彈性　(D)耐高溫

（　　）10. 將蜘蛛絲蛋白的基因移植到山羊體內，使得山羊產出含有絲蛋白的羊奶，這種技術屬於下列何者？(A)基因突變　(B)跳躍基因　(C)基因轉殖　(D)基因檢測

二、問答題

1. 請說明壁虎的腳掌何以能吸附牆壁？

2. 除了課文中列舉的仿生例子以外，你能否想到其他仿生例子，請說明。

3. 鯊魚泳衣的出現掀起了泳壇的波瀾，隨著身穿鯊魚泳衣的泳者不斷突破紀錄之餘，有人認為應該禁止此種泳衣用於比賽，你的看法呢？

4. 請實際上網瀏覽本章所介紹之資料庫。

5. 如果真的有複製人的出現，那麼複製人應不應該有人權而被平等看待？

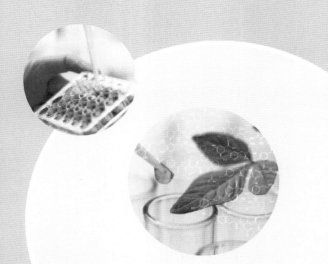

APPENDIX

Biotechnology

附　錄

附錄 1　　生物科技發展史

附錄 2　　圖片來源

附錄 3　　中英索引

附錄 4　　英中索引

附錄 ① 生物科技發展史

年　　代	事　　件
1857	巴斯德(Louis Pasteu)發現發酵肇因於微生物的活動。
1865	孟德爾(Gregor Mendel)經由豌豆的研究提出遺傳定律。
1913	Carrel 首先將無菌操作技術應用在動物細胞培養上，細胞始能長期培養而不受汙染。
1926	美國遺傳學家 Thomas Hunt Morgan 發表了**基因理論(The Theory of the Gene)**，他證明了基因是未來所有遺傳研究的基礎。
1928	英國的生物學家格里菲斯(F. Griffith)發現細菌的遺傳訊息會因為轉化作用而發生改變。
1934	懷特(White)成功建立植物組織培養。
1938	法國出現第一種蘇利菌植物保護劑產品。
1948	美國生物學家 Alfred Mirsky 在染色體中發現核糖核酸(RNA)。
1952	美國生物學家 Alfred Day Hershey 和 Martha Chase 利用放射性元素追蹤出噬菌體感染細菌是用 DNA 而非蛋白質。
1953	美國生化學家華生(James Watson)與英國生物物理學家克里克(Francis Crick)發現 DNA 的雙股螺旋結構。
1961	尼恩伯格證明遺傳密碼子 UUU 負責轉譯苯丙胺酸，這是世界上第一個被解讀出的遺傳密碼子。
1964	史丹福大學的遺傳學家 Charles Yanofsky 證明 DNA 之核苷酸序列與蛋白質之胺基酸序列可以完全對應。
1970	第一個限制酶被純化出來。
1972	Berg 等人製造出第一個重組 DNA。
1973	美國生化學家 Stanley Cohen 及 Herbert Boyer 將蟾蜍基因插入細菌 DNA 中，並能表現出來。
1975	Kohler 與 Milstein 以融合瘤技術成功製造單株抗體。

年　代	事　　件
1977	Maxam 與 Gilbert 發明了以化學分解的方式定序 DNA，同時期 Sanger 也開發出「鏈終止」DNA 定序法。
1978	Genentech 公司藉由細菌製造出第一個基因重組藥物：人類胰島素。
1980	科學家成功的將人類干擾素基因導入細菌。
1980	Martin Cline Etal 創造出基因轉殖鼠。
1984	英國 Jeffrey 發展出 DNA 指紋鑑定技術，利用每個人獨特的 DNA 序列鑑別不同的個體。
1985	美國 Cetus 公司的生化學家 Kary Mullis 發明了**聚合酶連鎖反應技術 (polymerase chain reaction, PCR)**可快速複製微量的 DNA 片段。
1987	能針對某一特定基因進行剔除的基因剔除鼠被成功製出，**基因剔除(gene knockout)**技術使得人們可以瞭解因為基因缺陷所造成的異常疾病。
1988	法國第一次為罹患先天性再生不良性貧血症的 5 歲小男孩施行世界上首例的臍帶血造血幹細胞移植並獲得成功。
1989	James Watson 領導人類基因體計畫，目的為定出人類基因序列。
1990	Culver、Blaese 與 Anderson 實施首次基因治療，對象是患有腺核苷脫胺酶缺乏症的病人。
1992	羅伯特・藍格(Robert Langer)成功地在老鼠背上培養出人耳形狀的軟骨。
1994	歐洲准許第一種基因改造植物－抗 bromoxynil 抗生素的菸草上市。
1995	Duke 大學的科學家移植經遺傳工程改變的豬心臟到狒狒體內，可存活數小時，證明生物種間移植的可行性。
1996	蘇格蘭 Roslin 研究所的 Ian Wilmut Etal 由羊乳腺細胞複製出桃莉羊，這是人類史上第一次以體細胞複製哺乳類動物。
1998	費爾(Andrew Fire)與梅洛(Craig Mello)發現 RNA 干擾現象。
2000	完成人類基因體定序之草圖。
2003	人類基因體計畫完成，將人類基因體全部定序。

附錄 2 圖片來源

圖　號	來　　　　源
1-2(a)	Joseph S. Levine Kenneth R. Miller 著，簡春潭等編譯，生物學（第二版），頁 14，新文京開發出版，2007 年。
1-2(b)	Joseph S. Levine Kenneth R. Miller 著，簡春潭等編譯，生物學（第二版），頁 14，新文京開發出版，2007 年。
1-3	Robert A. Wallace 著，張珮菁等編譯，生物學，頁 20，新文京開發出版，2003 年。
1-4	Robert A. Wallace 著，張珮菁等編譯，生物學，頁 22，新文京開發出版，2003 年。
1-5	Robert A. Wallace 著，張珮菁等編譯，生物學，頁 22，新文京開發出版，2003 年。
1-10	http://ciencias1benitojuarez.blogspot.tw/2012/05/watson-y-crick.html
1-12	文京編輯部繪製；資料來源：Robert A. Wallace 著，張珮菁等編譯，生物學，頁 54，新文京開發出版，2003 年。
1-15	文京編輯部繪製；資料來源：Robert A. Wallace 著，張珮菁等編譯，生物學，頁 59，新文京開發出版，2003 年。
2-1(a)	http://zuowen.chazidian.com/jinyu/
2-1(b)	http://forum.xitek.com/forum-viewthread-action-printable-tid-546446.html
2-2	http://faculty.stut.edu.tw/~c5200999/fungi2/%A4j%AB%AC%B5o%BB%C3%BC%D1DSCN0498.JPG
2-4	http://www.ohsu.edu/research/transgenics/images.shtml
3-9	https://research.sinica.edu.tw/gene-editing-crispr-lin-chia-hung/
4-5	http://technizzel.com/articles/materials-science/amithakurmala/tansforming-lives-the-i-limb-prosthetics-system
4-6	http://209.157.64.200/focus/f-news/1963509/posts
4-11	http://www.visua lsunlimited.com/browse/vu173/vu173195.html

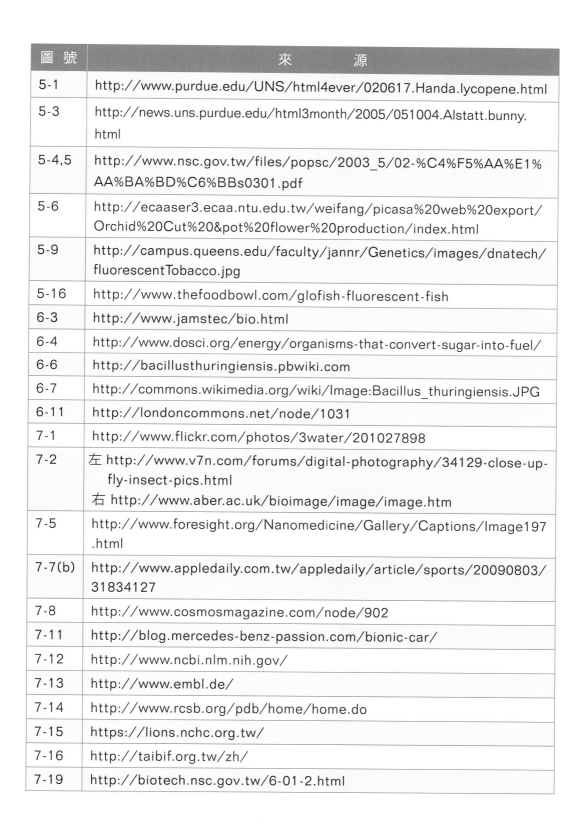

圖 號	來 源
5-1	http://www.purdue.edu/UNS/html4ever/020617.Handa.lycopene.html
5-3	http://news.uns.purdue.edu/html3month/2005/051004.Alstatt.bunny.html
5-4,5	http://www.nsc.gov.tw/files/popsc/2003_5/02-%C4%F5%AA%E1%AA%BA%BD%C6%BBs0301.pdf
5-6	http://ecaaser3.ecaa.ntu.edu.tw/weifang/picasa%20web%20export/Orchid%20Cut%20&pot%20flower%20production/index.html
5-9	http://campus.queens.edu/faculty/jannr/Genetics/images/dnatech/fluorescentTobacco.jpg
5-16	http://www.thefoodbowl.com/glofish-fluorescent-fish
6-3	http://www.jamstec/bio.html
6-4	http://www.dosci.org/energy/organisms-that-convert-sugar-into-fuel/
6-6	http://bacillusthuringiensis.pbwiki.com
6-7	http://commons.wikimedia.org/wiki/Image:Bacillus_thuringiensis.JPG
6-11	http://londoncommons.net/node/1031
7-1	http://www.flickr.com/photos/3water/201027898
7-2	左 http://www.v7n.com/forums/digital-photography/34129-close-up-fly-insect-pics.html 右 http://www.aber.ac.uk/bioimage/image/image.htm
7-5	http://www.foresight.org/Nanomedicine/Gallery/Captions/Image197.html
7-7(b)	http://www.appledaily.com.tw/appledaily/article/sports/20090803/31834127
7-8	http://www.cosmosmagazine.com/node/902
7-11	http://blog.mercedes-benz-passion.com/bionic-car/
7-12	http://www.ncbi.nlm.nih.gov/
7-13	http://www.embl.de/
7-14	http://www.rcsb.org/pdb/home/home.do
7-15	https://lions.nchc.org.tw/
7-16	http://taibif.org.tw/zh/
7-19	http://biotech.nsc.gov.tw/6-01-2.html

圖　號	來　　　　源
7-20	http://microbiology.scu.edu.tw/lifescience/lu1/chap5.doc
7-25	http://www.evelopez.com/Nature%20Page.htm
7-26	http://www.cirrusimage.com/spider_black_widow.htm

註：全書圖片除上表所列者，皆取自文京編輯部圖庫或繪製。

附錄 3　中英索引

1 劃

乙醯膽鹼　acetylcholine　73

2 劃

人造器官　artificial organs　68

人類基因體計畫　Human Genome Project　12

3 劃

大霹靂　big bang　2

4 劃

中心法則　central dogma　11

反義 RNA　antisense RNA　48

天竺葵色素　pelargonidin　88

引子　primer　38

5 劃

北方墨點　Northern blotting　43

去氧核糖核酸　deoxyribonucleic acid, DNA　6

生化反應器　bioreactor　28

生物可分解　biodegradation　103

生物性植物保護劑　biological plant protection agent　104

生物性農藥　biopesticides　104

生物科技　biotechnology　18

生物晶片　biochip　28, 130

生物感應器　biosensor　99

生物資訊學　bioinformatics　120

生物鋼　biosteel　133

生質能源　biomass　106

矢車菊素　cyanidin　88

6 劃

仿生學　biomimetics; bionics　116

全能性　totipotential　67

同源重組　homologous recombination　50

多能性　pluripotential　67

成體幹細胞　adult stem cells　64

肉毒桿菌　*Clostridium botulinum*　73

肉毒桿菌素　botulinum toxin, BOTOX　73

西方墨點　Western blotting　43

7 劃

尿嘧啶　uracil, U　11

抗原　antigen　70

抗體　antibody　70

8 劃

奈米　nanometer, nm　114

奈米生物科技　nanobiotechnology　114

9 劃

南方墨點　Southern blotting　43

胚胎幹細胞　embryonic stem cells　64

胞嘧啶　cytosine, C　8

限制片段長度多形性　restriction fragment length polymorphism, RFLP　44

限制酶　restriction enzyme　21

飛燕草素　delphinidin　88

胜肽　peptide　11

10 劃

原生質體　protoplast　84

原核細胞　prokaryotes　3

核糖核酸　ribonucleic acid, RNA　11

核糖體 RNA　ribosomal RNA, rRNA　11

真核細胞　eukaryotes　3

脂質體　liposome　24

胸腺嘧啶　thymine, T　8, 11

馬鈴茄　pomato　83

11 劃

基因　gene　6

基因工程　genetic engineering　21

基因改造食品　genetically modified food, GMF　92

基因重組　gene recombination　21

基因剔除　gene knockout　50, 139

基因組編輯　genome editing　55

基因晶片　gene chip　130

基因療法　gene therapy　28, 62

基因轉殖　gene transfer　21

基因體　genome　12

密碼子　coden　11

接合酶　ligase　21

細胞　cell　2

細胞工程　cell engineering　24

細胞膜　cell membrane　2

細胞質　cytoplasm　2

細胞融合　cell fusion　70, 83

組織培養　tissue culture　81

蛋白質工程　protein engineering　26

蛋白質晶片　protein chip　131

鳥糞嘌呤　guanine, G　8

12 劃

單株抗體　monoclonal antibody　70

黑弗利克極限　Hayflick limit　76

13 劃

傳訊者 RNA　messenger RNA, mRNA　11

幹細胞　stem cells　64

腺核苷脫胺酶　adenosine deaminase, ADA　62

腺嘌呤　adenine, A　8

載體　vector　23

農桿菌　*Agrobacterium tumefaciens*　87

14 劃

端粒　telomere　76

端粒酶　telomerase　76

聚乙二醇　polyethylene glycol, PEG　71, 84

聚合酵素　taq polymerase　38

聚合酶連鎖反應　polymerase chain reaction, PCR　38, 139

誘導多能性幹細胞　induced pluripotent stem cells　67

酵素工程　enzyme engineering　28

15 劃

標靶治療　target therapy　71

模板　template　38

膠體電泳法　gel electrophoresis　41

複製　clone　126

質體　plasmid　60

16 劃

融合瘤細胞　hybridoma　71

18 劃

癒傷組織　callus　81

轉運者 RNA   transfer RNA, tRNA   11
雙螺旋   double helix   8
雙螺旋 RNA   double-stranded RNA, dsRNA
    48

19 劃

鏈終止   chain termination   46
類胡蘿蔔素   carotenoid   88
類核體   nucleoid   3

20 劃

蘇利菌   *Bacillus thuringiensis*   92

23 劃

戀臭假單胞菌   *Pseudomonas putida*   102

24 劃

鹼基對   base pair, bp   12

其他

AS 細胞   adult stem cells   64
DNA 指紋   DNA printing   45
ES 細胞   embryonic stem cells   64
iPS 細胞   induced pluripotent stem cells
    67
RNA 干擾   RNA interference, RNAi   48, 88
Ti 質體   tumor-inducing plasmid   87

附錄 4 英中索引

A

acetylcholine 乙醯膽鹼 73

adenine, A 腺嘌呤 8

adenosine deaminase, ADA 腺核苷脫胺酶 62

adult stem cells 成體幹細胞；AS 細胞 64

Agrobacterium tumefaciens 農桿菌 87

antibody 抗體 70

antigen 抗原 70

antisense RNA 反義 RNA 48

artificial organs 人造器官 68

B

Bacillus thuringiensis 蘇利菌 92

base pair, bp 鹼基對 12

big bang 大霹靂 2

biochip 生物晶片 28, 130

biodegradation 生物可分解 103

bioinformatics 生物資訊學 120

biological plant protection agent 生物性植物保護劑 104

biomass 生質能源 106

biomimetics; bionics 仿生學 116

biopesticides 生物性農藥 104

bioreactor 生化反應器 28

biosensor 生物感應器 99

biosteel 生物鋼 133

biotechnology 生物科技 18

botulinum toxin, BOTOX 肉毒桿菌素 73

C

callus 癒傷組織 81

carotenoid 類胡蘿蔔素 88

cell 細胞 2

cell engineering 細胞工程 24

cell fusion 細胞融合 70, 83

cell membrane 細胞膜 2

central dogma 中心法則 11

chain termination 鏈終止 46

clone 複製 126

Clostridium botulinum 肉毒桿菌 73

coden 密碼子 11

cyanidin 矢車菊素 88

cytoplasm 細胞質 2

cytosine, C 胞嘧啶 8

D

delphinidin 飛燕草素 88

deoxyribonucleic acid, DNA 去氧核糖核酸 6

DNA printing DNA 指紋 45

double helix 雙螺旋 8

double-stranded RNA, dsRNA 雙螺旋 RNA 48

E

embryonic stem cells 胚胎幹細胞；ES 細胞 64

enzyme engineering 酵素工程 28

eukaryotes 真核細胞 3

G

gel electrophoresis　膠體電泳法　41

gene　基因　6

gene chip　基因晶片　130

gene knockout　基因剔除　50, 139

gene recombination　基因重組　21

gene therapy　基因療法　29, 62

gene transfer　基因轉殖　21

genetic engineering　基因工程　21

genetically modified food, GMF　基因改造食品　92

genome　基因體　12

genome editing　基因組編輯　55

guanine, G　鳥糞嘌呤　8

H

Hayflick limit　黑弗利克極限　76

homologous recombination　同源重組　50

Human Genome Project　人類基因體計畫　12

hybridoma　融合瘤細胞　71

I

induced pluripotent stem cells　誘導多能性幹細胞；iPS 細胞　67

L

ligase　接合酶　21

liposome　脂質體　24

M

messenger RNA, mRNA　傳訊者 RNA　11

monoclonal antibody　單株抗體　70

N

nanobiotechnology　奈米生物科技　114

nanometer, nm　奈米　114

Northern blotting　北方墨點　43

nucleoid　類核體　3

P

pelargonidin　天竺葵色素　88

peptide　胜肽　11

plasmid　質體　60

pluripotential　多能性　67

polyethylene glycol, PEG　聚乙二醇　71, 84

polymerase chain reaction, PCR　聚合酶連鎖反應　38, 139

pomato　馬鈴茄　83

primer　引子　38

prokaryotes　原核細胞　3

protein chip　蛋白質晶片　131

protein engineering　蛋白質工程　26

protoplast　原生質體　84

Pseudomonas putida　戀臭假單胞菌　102

R

restriction enzyme　限制酶　21

restriction fragment length polymorphism, RFLP　限制片段長度多形性　44

ribonucleic acid, RNA　核糖核酸　11

ribosomal RNA, rRNA　核糖體 RNA　11

RNA interference, RNAi　RNA 干擾　48, 88

S

Southern blotting　南方墨點　43

stem cells　幹細胞　64

T

taq polymerase　聚合酵素　38

target therapy　標靶治療　71

telomerase　端粒酶　76

telomere　端粒　76

template　模板　38

thymine, T　胸腺嘧啶　8, 11

tissue culture　組織培養　81

totipotential　全能性　67

transfer RNA, tRNA　轉運者 RNA　11

tumor-inducing plasmid　Ti 質體　87

U

uracil, U　尿嘧啶　11

V

vector　載體　23

W

Western blotting　西方墨點　43

memo

國家圖書館出版品預行編目資料

生物科技/張振華編著. -- 四版. -- 新北市：
新文京開發出版股份有限公司, 2024.05
面；　公分

ISBN　978-626-392-016-3（平裝）

1.CST：生物技術

368　　　　　　　　　　　　113005760

生物科技（第四版）　　　　　　　　（書號：B309e4）

編　著　者	張振華
發　行　者	新文京開發出版股份有限公司
地　　　址	新北市中和區中山路二段 362 號 9 樓
電　　　話	(02) 2244-8188（代表號）
F　A　X	(02) 2244-8189
郵　　　撥	1958730-2
初　　　版	西元 2008 年 08 月 15 日
二　　　版	西元 2013 年 02 月 25 日
三　　　版	西元 2020 年 04 月 25 日
四　　　版	西元 2024 年 05 月 20 日

New Wun Ching Developmental Publishing Co., Ltd.
New Age · New Choice · The Best Selected Educational Publications — NEW WCDP